JN001288

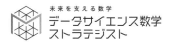

未来を支える数学
データサイエンス数学
ストラテジスト

企業が求めるデジタルスキル資格

# データサイエンス 数学ストラテジスト

中級 公式テキスト

公益財団法人
**日本数学検定協会** 著

**日経BP**

# 数学力が労働生産性を左右する，それがAI時代

　2024年，日本政府は「物価高を上回る所得増へ」とのスローガンの下，政策を総動員して賃上げムードをつくっています。それに応えるように，春闘では満額回答が相次ぎ，大企業を中心に賃上げの動きが進んでいます。とてもいいことですし，この動きが大企業から中堅・中小企業に広がってほしいと思います。ただ，水を差したいわけではありませんが，大事なことが忘れられているような気がします。

## 労働生産性は上がっているのか？

　「賃上げと同時に上がっていなければならないことがあるはずだが，果たして上がっているのだろうか？」との疑問があるのです。それは，「労働生産性」です。

　賃上げを企業経営の側面から見ると，様々な努力で利益を確保し，それを従業員に還元することを意味すると思いますが，働く一人ひとりとしては，自分の労働生産性が高まったその対価として賃上げされるのがまっとうです。そうなっていれば，賃上げは当然と思えます。

　ところが，公益財団法人・日本生産性本部が2023年11月に発表した「日本の労働生産性の動向2023」によると，「2022年度の日本の実質1人当たり労働生産性は前年度比＋1.0％」です。プラスにはなっていますが，前年は＋2.6％でしたから，伸びは鈍化しており，「不安定な推移をたどっている」と報告されています。

## 日本の1人当たり労働生産性はOECD加盟38カ国中31位

　労働生産性を高める動きは，国の政策として打ち出されています。政府は2022年10月，「リスキリング」に5年で1兆円投資すると発表し，各省庁の施策が動き出しています。企業の取り組みも活発で，DX（デジタルトランスフォーメーション）投資の一環として人材育成に注力しています。企業によっては確実にその成果が表れているでしょうし，個々の取り組みがマクロな数字に反映されるのに時間がかかっているだけかもしれません。

　しかし，世界と比べると，その歩みは遅いと言わざるを得ません。日本生産性本部が2023年12月に発表した「労働生産性の国際比較2023」によると，「日本の1人当たり労働生産性はOECD加盟38カ国中31位」です。国際的に見るとまだ低いままなのです。

## "ビッグツール"の使いこなしが労働生産性を左右

　労働生産性の歴史を振り返ってみると，産業革命が起きて「機械」が登場すると労働生産性は飛躍的に高まりました。機械をうまく使いこなせる企業ほど競争力が高く，そこで働く人の労働生産性は高かったといえます。1990年代以降は「コンピューター」が時代を支えており，コンピューターをどれだけうまく使いこなすかどうかで，その人の労働生産性はほぼ決まっていたといえます。

　労働生産性は，機械やコンピューターのような時代を大きく変えた"道具"——適当な言葉がないので，本稿では"ビッグツール"と呼びます——の使いこなしにかかっていると思います。もちろん，ビッグツールの使いこなしだけではありませんが，労働生産性にビッグツールの使いこなしが大きく関与しているというのは誰しもが納得することではないでしょうか。

　労働生産性を高めるには，未来に向けてビッグツールを適切に選択し，それを使いこなせるように学ぶことです。間違った選択，間違った学びをしてしまえば，労働生産性は高まらず，せっかく上がった賃金が再び停滞することになりかねません。

## 次の"ビッグツール"はAI

　これから未来に向けて，産業革命の「機械」のような，1990年代以降の「コンピューター」のような役割を果たせるビッグツールといえば，誰しもが「AI（人工知能）」だというでしょう。AIはブームを繰り返して期待に応えられなかった歴史はありますが，現在のAI技術は人々の想像を超える成果を生み，その進化のスピードは目を見張るものがあります。少し前まで，囲碁や将棋の世界でAIの実力が人を上回ったことに驚いていましたが，現在はChatGPTをはじめとする「生成AI」の登場によって，文書作成やプログラミング，デザインや音楽などの領域において，人よりAIの方が優れている時代になりつつあるのです。

## AIを使いこなす能力とは

　AIを使いこなすには，何を学べばいいのでしょうか。AIを「つくる」にはプログラミング・スキルや大量データを処理するノウハウが必要だといわれていますが，「つくる能力」と「使いこなす能力」は別ものです。

　ここでの議論は労働生産性を高めることであり，AIは人にとって道具なので，人がAIの良さを引き出せればいいのです。良さを引き出すコツは，その道具と「コミュニケーションをとる」ことです。比喩的に表現していますが，要は，その道具はどのような特

性を備え，何が得意で何が苦手で，どんなふうに使われると機嫌が良く，どうされると機嫌を損ねるか，といったことを指しています。一般的な道具を想像すると，言わんとすることはわかってもらえるのではないかと思います。

## AIとコミュニケーションをとるには「数学力」が欠かせない

　では，AIとコミュニケーションをとるにはどうすればいいでしょうか。何に対してもそうですが，うまくコミュニケーションをとるには，まずは相手のことをよく理解しなければなりません。相手を理解せずにいくらアプローチしても，それは伝わりません。

　現在のAIのベースは機械学習です。それは人間の思考をコンピューターでまねできるようにしたもので，基礎を成しているのは，微積分・線形代数・統計学などの「数学」です。つまり，AIとコミュニケーションをとるのに欠かせない知識は，「数学」なのです。数学力がAIの使いこなしを左右し，人の労働生産性に大きく影響するということです。

　「数学を学べば労働生産性が上がる」と言われても，疑いたくなるのはわかります。そこは，こう考えてください。これからの時代，人とAIの共同作業が普通になるので，基本的には，AIという"ビッグツール"によって人の労働生産性は高まります。労働生産性はAI次第なのです。ここで，数学知識が欠如してAIとうまくコミュニケーションをとれないと，AIの生産性が下がり，それは人の労働生産性が下がることを意味するのです。

## AIを知るのに必要な数学を学ぶ『データサイエンス数学ストラテジスト』のカリキュラム

　本書で解説する『データサイエンス数学ストラテジスト』は，「AIとコミュニケーションをとるために必要な数学の知識を体系立てている」と言ってもいいでしょう。実際そのカリキュラムを見ると，高校で習ったような数学の他，AIに携わっていなければ見たこともないような難しそうな単語が並んでいます。これが「必要な知識」と言われても，最初はしり込みする人もいるはずです。

　しかし，『データサイエンス数学ストラテジスト』の公式テキストと位置付けられる本書は，必要な知識を無理なく理解できる工夫が施されています。この「まえがき」の書き手である私が読んでみたところ，最初ざっと見たときは「難しくて理解できそうもない」と思いましたが，頭から順番に読んでいくと徐々に理解が深まっていく実感がありました。そして，「AIというのはこういう理論で成り立っているんだ」と意識するこ

とで，本書を読む前より，AIを理解した気になれたのです。何より，遠い存在だと思っていたAIに親しみを持つようになった感じがします。これは，発見でした。これこそ，「学び」だと体験したのです。

　本書を手に取った皆さまには，ぜひ本書を学習し，AIとコミュニケーションをとれるようになり，将来に向けて，高い労働生産性を維持できる人になっていただきたい。自分がどのくらいのレベルに達しているかを測るための資格試験も用意されています。ぜひ，挑戦してみてはいかがでしょうか。

日経BP　技術プロダクツユニット　クロスメディア編集部　編集委員

松山貴之

# 目 次

## 第1章 数学基礎
～ AI・データサイエンスを支える計算能力と数学的理論の理解～

## 第2章 機械学習・深層学習
〜機械学習・深層学習の数学的理論の理解〜

# 第3章 アルゴリズム関連
## 〜アルゴリズム・プログラミングに必要な数学リテラシー〜

## 第4章　ビジネス数学
### 〜ビジネスにおいて数学技能を活用する能力〜

# 「データサイエンス数学ストラテジスト 中級」資格のご案内

　データサイエンスを主とした事業戦略・施策（データの把握や分析など）においては，実は"数学的なリテラシー"が必要とされています。これまで私たちは，算数・数学に関する検定事業や算数・数学への興味関心を高める普及活動で実用的な数学を推奨してきました。本資格は，データサイエンスの基盤となる，基礎的な数学（確率統計・線形代数・微分積分）と実践的な数学（機械学習系・アルゴリズム系・ビジネス系数学）の2つを合わせて体系化した"データサイエンス数学"に関する知識とそれを活用できるコンサルティング力を兼ね備えた専門家として，一定の水準に達した方に「データサイエンス数学ストラテジスト」の称号を認定するものです。

## ■試験概要
　データサイエンス数学ストラテジストには，「データサイエンス数学ストラテジスト 中級」「データサイエンス数学ストラテジスト 上級」の2つの階級が用意されています。

## ◆データサイエンス数学ストラテジスト 中級
| | |
|---|---|
| 対象の目安 | ：社会人，大学生，高校生 |
| 数学のレベル | ：数学I・Aまで |
| 問題数 | ：30問（5者択一問題） |
| 試験時間 | ：90分 |
| 合格基準 | ：60%（18問）以上 |
| 合格者の想定レベル | ：データサイエンスに必要なデータサイエンス数学の基礎を理解し，業務データや市場データを数値的に解釈して，関係者と価値を共有し，ビジネス課題の解決に貢献できる |

## ◆データサイエンス数学ストラテジスト 上級
| | |
|---|---|
| 対象の目安 | ：社会人，大学生，高校生 |
| 数学のレベル | ：大学初学年程度まで |
| 問題数 | ：40問（5者択一問題） |
| 試験時間 | ：120分 |
| 合格基準 | ：70%（28問）以上 |

合格者の想定レベル　：データサイエンスを主とした事業戦略・施策に関わるデータサイエンス数学の一定の知識を活用し，戦略・施策の実現方法を検討および提案できる

## ■資格到達目標

| | 各領域 | 到達目標 |
|---|---|---|
| 領域1 | データ集計・分析 | データサイエンスに必要なデータの集計・分析手法の理解・習熟<br>●データ分析目的の設定，データの収集・加工・集計，比較対象の選定<br>●データのばらつき度合い，傾向・関連・特異点の把握<br>●時系列データ，クロスセクションデータ，パネルデータの理解<br>●目的に応じた図表化・可視化（棒グラフ，折れ線グラフ，散布図）　など |
| 領域2 | 数学基礎 | データサイエンス戦略・施策に必要な数学の基礎<br>■算数・中学校数学分野<br>●四則計算，グラフ，比例と反比例，単位量あたりの大きさ，文字式の計算，方程式，1次関数，三平方の定理，思考力を測る問題<br>■確率統計系分野<br>●平均値・中央値・最頻値，分散，標準偏差，統計基礎<br>●割合，順列・組み合わせ，二項定理，確率，確率分布<br>●データの分析，資料の整理・活用，標本調査<br>■線形代数系分野<br>●ベクトルの演算（和とスカラー倍，内積）<br>●行列の演算（和とスカラー倍，積），行列式<br>●固有値と固有ベクトル<br>■微分積分系分野<br>●指数関数，対数関数，三角関数，2次・多項式関数，写像<br>●数列，関数と極限，微分・積分<br>●偏微分，重積分，微分方程式の基礎　など |
| 領域3 | 機械学習基礎 | データサイエンス戦略・施策に必要な機械学習の基礎<br>●基礎的な理論（活性化関数，距離による類似度，最小二乗法）<br>●教師あり学習（回帰（回帰直線），分類（線形識別・混同行列））<br>●教師なし学習（クラスタリング，次元削減）<br>●関連研究分野（自然言語処理，データマイニング）　など |
| 領域4 | 深層学習基礎 | データサイエンス戦略・施策に必要な深層学習の基礎<br>●ニューラルネットワークの原理，勾配降下法<br>●ディープニューラルネットワーク（DNN）<br>●畳み込みニューラルネットワーク（CNN）　など |
| 領域5 | アルゴリズム・プログラミング的思考 | データサイエンス戦略・施策に必要なアルゴリズム，プログラミング的思考<br>●アルゴリズム（探索・ソート・暗号），計算量理論<br>●特定のプログラミング言語に依存しない手続き型思考，情報理論　など |
| 領域6 | 数学的課題解決 | 論理的思考と数学的発想を用いて課題を解決に導く<br>●課題から解答まで矛盾なく導く論理性，一貫性<br>●課題を読み取り，規則性・法則性を発見 |
| 領域7 | コンサルティング | ビジネスシーンでのデータサイエンス戦略・施策の実現方法の検討，提案<br>●顧客，ステークホルダーの要望・意見を聞くコミュニケーション力<br>●戦略・施策の実現方法を検討し，提案するプレゼンテーション力 |

## ■試験内容

以下の4つのジャンル（学習分野）から構成されています。

| 【ジャンル①】AI・データサイエンスを支える**計算能力と数学的理論の理解**<br>● 確率統計系分野（統計・確率・場合の数 など）<br>● 線形代数系分野（行列・ベクトル など）<br>● 微分積分系分野（微積分・関数・写像 など） | 【ジャンル②】機械学習・深層学習の**数学的理論の理解**<br>● 基礎理論（活性化関数・類似度・最小二乗法）<br>● 機械学習（回帰・分類・クラスタリング など）<br>● 深層学習（ニューラルネットワーク など） |
|---|---|
| 【ジャンル③】アルゴリズム・プログラミングに必要な**数学リテラシー**<br>● アルゴリズム（探索・ソート・暗号，計算量）<br>● プログラミング言語に依存しない手続き型思考<br>● 数学的課題解決（論理的思考＋数学的発想） | 【ジャンル④】ビジネスにおいて**数学技能を活用する能力**<br>● 把握力（データ・グラフの特徴の把握 など）<br>● 分析力（売上・損益等財務的な分析 など）<br>● 予測力（データに基づいた業績予測 など） |

## ■出題範囲

各階級の出題範囲は，「試験方法」に記載の公式サイトをご参照ください。

## ■出題形式

| 項目 | 内容 |
|---|---|
| 受験環境 | コンピューター上で多肢選択に解答するIBT（Internet Based Testing）形式 |
| 問題配分<br>※（ ）は上級 | ①AI・データサイエンスを支える計算能力と数学的理論の理解：50%<br>②機械学習・深層学習の数学的理論の理解：16.7%（25%）<br>③アルゴリズム・プログラミングに必要な数学リテラシー：16.7%（12.5%）<br>④ビジネスにおいて数学技能を活用する能力：16.7%（12.5%） |

## ■受験の際に必要な持ち物

試験はインターネット上で行われますが，試験の際には以下の持ち物をご用意ください。

・筆記用具

・計算用紙

・電卓または関数電卓

・表計算ソフト（必要に応じて）

## ■試験結果

試験終了直後に，合否判定などの試験結果が画面上に表示されます。「合格」「不合格」の他，総得点，マトリクス図（前述のジャンル①の得点を縦軸，ジャンル②〜④の合計得点を横軸として得点状況の偏り具合を視覚化），評価コメントなどが試験結果として表示されます。

## ■試験方法

　データサイエンス数学ストラテジスト資格試験の詳細，および申込方法は，以下の公式サイトをご参照ください。

データサイエンス数学ストラテジスト 公式サイト
https://www.su-gaku.net/math-ds/

## ■資格に関するお問い合わせ先

公益財団法人 日本数学検定協会

〒110-0005 東京都台東区上野5-1-1 文昌堂ビル6階

TEL：03-5812-8340

受付時間：月〜金 10:00 〜 16:00（祝日，年末年始，当協会の休業日を除く）

# 本書の読み方，使い方

　本書は「データサイエンス数学ストラテジスト　中級」相当の重要テーマを学習し，本資格試験の問題を解くために必要な考え方を身につけ，さらにはデータサイエンス力の向上を図るためのテキストです。資格試験の4つの学習分野「①基礎的な数学」「②機械学習系数学」「③アルゴリズム系数学」「④ビジネス系数学」に対し，本書は「第1章　数学基礎」「第2章　機械学習・深層学習」「第3章　アルゴリズム関連」「第4章　ビジネス数学」の構成で，各分野をわかりやすく解説しています。それぞれの章は，「ここがポイント！」「解説」「例題」の3ステップで構成されています。「ここがポイント！」でこれから学ぶ学習分野のポイントを押さえ，「解説」を読み，実際に「例題」を解いてその答えを読むことで，各分野の理解を深めることができます。そして，一度のみならず繰り返し学習することで，データサイエンス数学ストラテジスト　中級相当の基礎となるスキル，思考プロセスを身につけることができます。

## 「ここがポイント！」（＝ステップ1）

　各テーマのポイントにあたります。まずはここを参照いただくことで，これから学習する分野についてのポイントを明確にします。または，先に自分の学びたい分野かどうかの感触を得る目的でお使いいただいても構いません。

## 「解説」（＝ステップ2）

　各2ページまたは4ページにまたがる形で，図解も載せながら，わかりやすく丁寧に解説しています。まずは読み物として楽しみながら，繰り返しお読みいただき，データサイエンス的な視点，数学的な視点での理解を深めてください。

## 「例題」（＝ステップ3）

　ここでは簡単な例題を用意しています。ステップ2の解説を読むことに加え，実際に例題を解いて手を動かすことで，理解度の確認および定着を図ります。例題を解いて，再び解説を読むことで，理解を深めることができます。

　本書をひととおり読み終えたら，あなたのデータサイエンス数学ストラテジストに関する力は，飛躍的に高まっているはずです。スキルレベルを把握するためにも，ぜひ，「データサイエンス数学ストラテジスト」資格にチャレンジしてみましょう。資格を取得することは，あくまでもスキルアップの1ステップにすぎません。身につけたデータサイエンス数学ストラテジストの力を実際のビジネス現場で活用することが，みなさんの最終ゴールです。データサイエンス数学の基礎を理解し，業務データを活用してビジネス課題の解決に貢献できるビジネスパーソンを目指し，早速，データサイエンス数学ストラテジストの力を高める一歩を踏み出しましょう。

第 1 章

# 数学基礎

～ AI・データサイエンスを支える計算能力と数学的理論の理解～

データサイエンス
数学ストラテジスト　中級

Mathematics for Data Science Strategist

　データ分析について学ぶとき，まずはどのような「データ」を扱うのかを考えます。身近なところでは，身長や体重といった身体に関わるデータや，気温や湿度といった気温に関するデータもあります。企業であれば売上や利益，在庫数，販売数などの他，顧客情報や勤怠情報などもあるでしょう。

　このように様々な種類，量のデータがありますが，それを分析することを考えると，収集したデータの整理が必要です。時系列に沿って並べ替えたり，数値の大小によって整理したり，数値の範囲ごとにグループ分けしたり，データを理解しやすい形式で表現したりするためには，集計と可視化が必要です。

　このようなデータの整理には数学的な知識が必要です。ただし，高度な数学が必要なわけではありません。例えば，四則演算や割合といった小学校で学ぶ基本的な演算の他，平均や中央値，確率といった統計についての基礎知識だけでも十分です。

　ただし，このような基礎的な内容を理解できていないと，データ分析に関する資料を読み取ることは不可能です。多くの資料では，読み手が数学についての基礎的な知識を持っていることを前提に書かれているためです。

　なお，内閣府・文部科学省・経済産業省の3府省が進める「数理・データサイエンス・AI教育プログラム」では，「数理」「データサイエンス」「AI」という3つの分野への関心を高め，基礎的な能力と実践的な能力の向上を図ることを目的に，リテラシーレベルと応用基礎レベルで図1-0のようなカリキュラムが定められています。

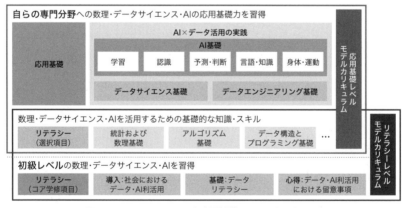

**図1-0　リテラシーレベルと応用基礎レベルのカリキュラム**
出所：数理・データサイエンス・AI 教育強化拠点コンソーシアム（http://www.mi.u-tokyo.ac.jp/consortium/）

この章で紹介する数学的な知識は，このリテラシーレベルの「データリテラシー」や選択項目にある「統計および数理基礎」，応用基礎レベルの「データサイエンス基礎」などに該当します。データサイエンスに必要な数学の基本的な知識について学んでいきましょう！

## 基本的な計算を間違えない〜四則演算

● 四則演算における計算の順序を理解している

● 約分の計算方法を理解している

### ▌ 解説

数学における計算の基本として**四則演算**があります。名前の通り，4つの基本的な演算である「足し算」「引き算」「掛け算」「割り算」のことで，それぞれ「加算」「減算」「乗算」「除算」と呼ばれることもあります。

**加算（＋）**

2つ以上の数値を組み合わせて新しい数値をつくり出す演算です。例えば，「2＋3」は5です。0を加えると元の数が変わらないという特性もあります。

**減算（−）**

1つの数値から別の数値を引く演算です。例えば，「5−2」は3です。また，同じ数を引くと数値は0になります。

**乗算（×）**

1つの数値を指定の回数だけ加える演算で，「3×4」は12です。0との乗算は0になり，1との乗算は元の数そのままで変わりません。

**除算（÷）**

1つの数値を別の数値で割る演算です。例えば，「8÷4」は2です。ただし，0で割ることは定義できません。

四則演算では，計算の順序が重要です。原則として左から順に計算しますが，加算と乗算が混在している式の場合は，加算より先に乗算をします。例えば，「3＋2×4」のような式では，「2×4＝8」を先に計算し，その後で「3＋8＝11」のように計算します。乗算よりも先に加算をしたい場合は，括弧を使って計算の順序を変更できます。例えば「4×（2＋5）」のような式では，まず括弧内の加算をした後で，その結果を乗算します。

除算の場合は，割り切れない（あまりが出る）場合があります。この場合は，問題の意図を読み取る必要があります。例えば，消費税込みの金額から消費税の計算をするようなときは，小数点以下を四捨五入して求めることがあります。また，正確な数値を求めたい場合には，小数を使うのではなく，分数として答えを出すこともあります。求め

る答えが分数になった場合は，分母と分子に共通の約数（公約数）がないかを考えます。共通の約数がある場合は，その約数で分母と分子を割り算し，分母をできるだけ小さくします。これを**約分**といいます。例えば，$\frac{24}{18}$ という答えが得られた場合，分母も分子も6で割り切れるので，それぞれを6で割って，$\frac{4}{3}$ と約分できます。

**例題**

(1) $9 - 6 \div 3 =$

(2) $2 \times (20 - 5 \times 3) =$

(3) $4 \div 2 \times 6 + 5 =$

(4) $(5 + 2 \times 3) \div (4 - 1) =$

(5) $(29 + 6) \div (17 - 3) =$

答え

(1) 「$6 \div 3$」を先に計算するので，$9 - 2 = 7$

(2) 括弧内を先に計算し，その中でも「$5 \times 3$」を先に計算するので，

$2 \times (20 - 15) = 2 \times 5 = 10$

(3) 除算と乗算を左から順に計算するので，$2 \times 6 + 5 = 12 + 5 = 17$

(4) それぞれの括弧内を先に計算し，その中でも「$2 \times 3$」を先に計算するので，

$(5 + 6) \div 3 = 11 \div 3 = \frac{11}{3}$

(5) それぞれの括弧内を先に計算すると，$35 \div 14 = \frac{35}{14}$ となります。ここで，分母と分子は両方とも7で割り切れるので，それぞれを7で割って $\frac{5}{2}$

## 1-2 マイナスの値も正確に計算する～正の数，負の数

**ここがポイント！**

- 正の数と負の数が組み合わさった計算ができる
- 負の数が使われる場面を理解している

### 解説

ここでは，整数や分数など私たちが日常的に使う数である実数について考えます。実数は「正の数」「負の数」「0（ゼロ）」の3つに分類できます。

**0（ゼロ）**

何も存在しないことを表す数です。零と呼ばれることもあります。

**正の数**

ゼロより大きい数を指します。一般的には「＋」（プラス）という記号で表現しますが，この記号を省略して単に値だけを書くことが多いです。例えば，「＋3」や「3」といった数が該当します。

**負の数**

ゼロより小さい数を指します。負の数には「－」（マイナス）という記号を数字の前につけて表現します。例えば，「－5」は負の数です。

これらの数は数直線で表現でき，**図1-1** のように正の数と負の数は「0」を挟んで対称的な関係にあります。

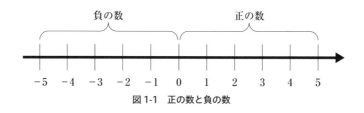

図1-1　正の数と負の数

このように，正の数と負の数はそれぞれ，もう一方を反転した存在です。四則演算において，正の数と負の数を加えると，それぞれの数の大きさが互いを打ち消し合い，結果がゼロになる場合があります（「＋3」と「－3」を加えると「0」になる）。

乗算や除算では，同じ種類の数（正の数どうし，あるいは負の数どうし）を掛け

る（あるいは割る）と結果は正の数になります。例えば，$(+3) \times (+2) = 6$ ですし，$(-3) \times (-2) = 6$ です。逆に，異なる種類の数を掛ける（あるいは割る）と結果は負の数になります。例えば，$(-3) \times (+2) = -6$ ですし，$(+3) \div (-2) = -1.5$ です。

　正の数と負の数は日常生活においてもよく使用されます。収入や増加を示すときに正の数を使用し，支出や減少を示すときに負の数を使用する他，気温など基準となる値を上回っているか下回っているかを表現するために使われることもあります。

**例題**

(1) $3 - 4 =$

(2) $2 - 5 + 3 =$

(3) $3 \times (-4) =$

答え

(1) 引いた数の方が大きいため，結果は負の数になります。

$$3 - 4 = -1$$

(2) 前から順に処理すると，「$2 - 5 = -3$」なので，「$-3 + 3$」を計算します。

$$2 - 5 + 3 = 0$$

(3) 正の数と負の数の積なので，結果は負の数になります。

$$3 \times (-4) = -12$$

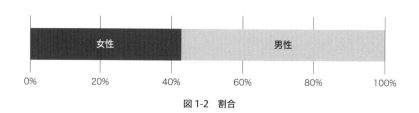

● 割合と比の違いを理解している

● 割合や比を使って正しく計算できる

## 解説

　複数の異なる値を比較したいとき，それぞれの数値間の大きさの違いを表現するものとして「割合」や「比」があります。

### 割合

　一部が全体に対してどれだけの量を占めているかを表すときに使われる値を指します。単純に分数で表すこともありますが，全体を100とし，特定の部分が全体のどれくらいを占めているかを表す**パーセンテージ**を使うときは，パーセント（%）という単位で表現します。

### 比

　2つの異なる数の間についての相対的な関係を表す値を指します。例えば，5と10という2つの数についての比は，「5は10の$\frac{1}{2}$である」と表現します。また，同じことを「5:10」のように書くこともあります。

　例えば，クラスに35人の生徒がいて，そのうち15人が女性だとすると，女性の割合は$\frac{15}{35} = 0.42857\cdots$と計算できます。これをパーセンテージで表現すると，約42.86%になります（図1-2）。

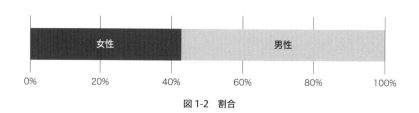

図1-2　割合

　このように全体に占めることを考えるときは割合を使いますが，2つの数値の関係を表現したい場合には比がよく使われます。上記の場合，男性が20人，女性が15人という状況なので，この比は「$\frac{20}{15}$」や「20：15」であることがわかります。このような場合

は約分し，「$\frac{4}{3}$」や「4：3」と表現することもあります。

　割合を表すときに「比率」という言葉もよく使われます。割合はパーセントを使うため100を基準にするのに対し，比率は1を基準にすることが多く，「1：X」や「X：1」といった形で表現されることが一般的です。

　比や比率は，私たちの身近なところでも多く使われています。例えば，「東京ドームxx個分」という表現は，広い面積の土地などを意味するときによく使われます。また，料理のレシピにおいても，「大さじxx杯」といった表現を使うこともあります。

　このように比や比率，割合をうまく使うことで，わかりやすく伝えることができます。また，単に数値を比較するだけではわかりにくい大きさの違いを異なる視点から表現できます。

**例題**

　次の文章の □ に入る数を求めてください。

(1) 24日は120日の □ ％である。

(2) 90°の60%は □ °である。

(3) 120円は □ 円の40%である。

**答え**

(1) $\frac{24}{120} = 0.2$ なので，20%

(2) $90 \times \frac{60}{100} = 54$ なので，54°

(3) $120 = x \times \frac{40}{100}$ と考えると，$x = 120 \div \frac{40}{100} = 120 \times \frac{100}{40} = 300$ なので300円

- 比例と反比例の特徴を理解している
- 比例と反比例のグラフを読み取れる

### 解説

ここまでは具体的な数を使った計算について解説してきました。数学では具体的な数を使わずに問題を設定したり，解いたりすることがあります。このとき，特定の値を入れられる「箱」のようなものと考え，これを**変数**といいます。変数には値を入れられ，その値は変化する可能性があります。例えば，「$y = 2x$」という式を考えます。ここで使われている $x$ と $y$ はいずれも変数です。$x$ の値が変わると，それに応じて $y$ の値も変わる式で，変数を表現するときは，アルファベットを使うことが一般的です。

複数の変数間の関係性を表す概念として，「比例」と「反比例」があります。

### 比例

一方の変数の値が増えると，もう一方の変数の値も同じ比率で増加するように，2つの変数が一定の比率を保つ関係を指します。逆に，一方の変数の値が減少すると，もう一方の変数の値も同じ比率で減少します（負の比例の場合は，一方の変数の値が増加すると，もう一方は減少し，一方の変数の値が減少すると，もう一方は増加します）。

### 反比例

一方の変数の値が増えると，もう一方の変数の値が減少するような関係を指します。反比例では，2つの量の積が一定の値を保ちます。

車や電車などで移動するとき，速度が一定であれば，2倍の時間をかけると移動する距離も2倍になります。これが比例の関係です。変数 $x$ の値が2倍になると，変数 $y$ の値も2倍になる場合，この関係を $y = 2x$ という式で表します。ここで2という値は**比例定数**と呼ばれ，2つの量の比率を意味します。

比例の関係を平面上にプロットし，それぞれの点をつなぐと，**図1-3**左のような原点を通る直線が描かれます。また，ある程度の文字数の文章を入力するとき，入力する速度が2倍になると，入力が終わるまでの時間は半分になります。このような反比例の関係を式で表すと，変数 $x$ の値が2倍になると変数 $y$ の値が $\frac{1}{2}$ 倍になるので，この関係は

$y = \frac{2}{x}$ と表されます。反比例の関係を平面上にプロットし，それぞれの点をつなぐと，**図1-3**右のような双曲線が描かれます。

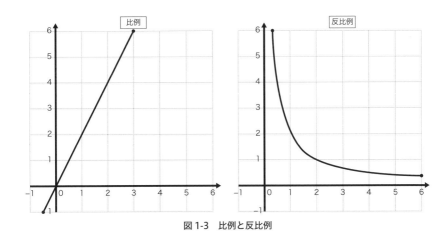

図1-3　比例と反比例

---

**例題**

次のうち，$y$ が $x$ に比例するものをすべて選んでください。

(1) $y = 3x^2 + 2x - 1$

(2) $y = -5x$

(3) $y = -\frac{2}{x}$

(4) $x - y = 0$

---

**答え**

比例は $y = ax$ という形で表現され，$a$ には定数が入ります。(1) は $x^2$ の項があり，(3) は反比例の式です。(2) は上記の比例の形になっており，(4) も移項すると $y = x$ となり，これも比例です。このため，(2) と (4) が正解です。

- 季節による変動などの規則性があることを知っている
- フラクタルなど図形にも規則性があることを知っている
- 等差数列や等比数列の一般項を理解している

## 解説

　比例や反比例のようなシンプルなもの以外にも，数や図形を考えると，規則性やパターンを見つけ出せることがあります。例えば，気温を記録したデータや，業種ごとの売上を集計したデータは，季節による変動があるため，年単位で比較すると**図1-4**のような似たパターンを繰り返します。

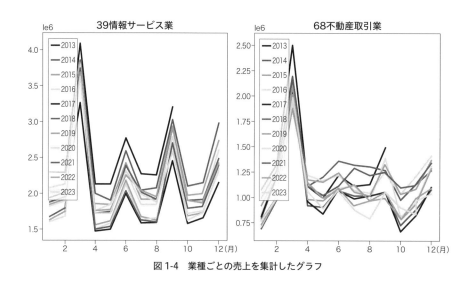

図1-4　業種ごとの売上を集計したグラフ

　このような規則性に注目するのは，図形でも同じです。同じ図形が交互に繰り返されるものや，対称な図形，回転したものなどを美しく感じることは多いものです。同じ形状の図形が規則的に増加または減少するフラクタルなど，複雑な模様もあります。また，並んだ数字に規則性を見いだせる場合もあります。一般に，数を並べたものを**数列**といい，それぞれの数を**項**といいます。数列には規則性があるものがあり，「等差数列」や「等比数列」などに分類できます。

### 等差数列

それぞれの項の差が等しい数列です。例えば，$2, 5, 8, 11, 14, \cdots$ と続く数列は，前の項との差が3 の等差数列です。

### 等比数列

それぞれの項の比が等しい数列です。例えば，$2, 4, 8, 16, 32, \cdots$ と続く数列は，各項が前の項を2倍したものになっている等比数列です。

数列を文字で表現するとき，それぞれの項を $a_1, a_2, a_3, \cdots, a_n$ のように書き，前から $n$ 番目の項を「第 $n$ 項」といいます。規則性がある数列の場合，第 $n$ 項を数式で表せると，それぞれの項を簡単に求められます。そこで，第 $n$ 項を数式で表したものを**一般項**といい，上記の等差数列は $a_n = 3n - 1$，等比数列は $a_n = 2^n$ と表現します。

---

**例題**

次の数列の第20項を求めてください。

(1) $8, 15, 22, 29, 36, 43, 50, 57, 64, 71, \cdots$

(2) $1024, 512, 256, 128, 64, 32, 16, 8, 4, \cdots$

---

答え

(1) の数列の規則性を考えると，7 ずつ増えていることから等差数列であることがわかります。初項が8 であることから，一般項は $8 + 7(n - 1) = 7n + 1$ と求められます。つまり，第20項は $7 \times 20 + 1 = 141$ となります。

また，(2) の数列の規則性を考えると，半分（$\frac{1}{2}$ 倍）になっていくことから等比数列であることがわかります。一般項は $1024 \times \left(\frac{1}{2}\right)^{n-1}$ と求められます。つまり，第20項は $1024 \times \left(\frac{1}{2}\right)^{19} = \frac{1}{2^9} = \frac{1}{512}$ となります。

# 数値の特性を知る
# ～名義尺度，順序尺度，間隔尺度，比例尺度

- データを数値で扱うとき，名義尺度，順序尺度，間隔尺度，比例尺度の違いを理解している
- 尺度によってグラフでの表現などが変わることを理解している

## 解説

　データを取り扱う際には，そのデータが取り得る値の特性を理解するために尺度が用いられます。尺度には，「名義尺度」「順序尺度」「間隔尺度」「比例尺度」の4つがあります。

### 名義尺度

　カテゴリーやグループを識別するために使われ，順序や量の情報を持たない**尺度**です。例えば，性別を「1：男性」「2：女性」のように表現したり，血液型として「1：A型」「2：B型」「3：O型」「4：AB型」のように表現したりする方法が挙げられます。これらのカテゴリーはあくまでも識別するために使われるもので，その数値が大きくても，あるカテゴリーが他よりも「大きい」もしくは「優れている」ことを表しているわけではありません。

### 順序尺度

　表現したいカテゴリーの値に順序関係がある尺度です。例えば，飲み物のサイズ（S<M<L），お店の評価（星1つ<星2つ<星3つ<星4つ<星5つ）などがあります。このとき，カテゴリー間に等間隔の差があるとはいえません（「星1つと星2つの評価の差」と「星2つと星3つの評価の差」が同じであるとはいえない）。

### 間隔尺度

　等間隔で目盛りが割り当てられて，その目盛りの間隔に意味がある尺度です。例えば，摂氏温度（1℃，2℃など）や年代（1990年，2000年，2010年など）があります。このときの数値での「0」はあくまでも基点であり，気温が2倍だから2倍暖かい，といった比率の概念としては使えません。

### 比例尺度

　絶対的な「0」という値を持ち，他の値との比率が意味を持つ尺度です。例えば，質量や長さ，時間，金額などがあります。「10kgは5kgの2倍である」など，比率が意味を持つものを表現できます。

　名義尺度と順序尺度を併せて「質的変数（数や量で測れない変数，質的データ）」，間隔尺度と比例尺度を併せて「量的変数（数や量で測れる変数，量的データ）」と呼ぶこともあります。

　これらの尺度の違いによって，データをどのように表現するのが最適なのかが変わってきます。例えば，順序尺度のデータを棒グラフで表現する場合，その順番は順序関係を保って表現すべきです。図1-5の2つのグラフは同じデータを表していますが，右側のグラフを理解しやすいと感じる人が多いでしょう。これは，扱うデータが順序尺度のデータだからです。

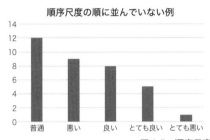

**図1-5　順序尺度での棒グラフの表現**

---

**例題**

　次のうち，比例尺度に該当するものをすべて選んでください。

(1) 社員番号　　(2) テストの点数　　(3) 売上高　　(4) 100m走の順位

---

答え

　(1) 社員番号は名義尺度，(2) テストの点数は間隔尺度，(4) 100m走の順位は順序尺度です。(3) 売上高は比例尺度なので，(3)のみが正解です。

## 1-7 データの分布を把握する
### ～度数分布表，ヒストグラム，相対度数

- データの分布を把握するとき，度数分布表の作成方法を知っている
- ヒストグラムの描き方を理解している
- 相対度数の計算方法を理解している

### 解説

　多くのデータが与えられたとき，そのデータを1つずつ見ていても全体を把握するのに時間がかかります。そこで，与えられたデータを集計したり，可視化したりして把握しやすくすることから始めます。血液型や性別といった質的データであれば，それぞれのグループごとにデータの数を集計する方法が使われます（図1-6）。

| A | AB | B | A | O |
| AB | B | A | A | B |
| O | A | O | B | A |

| 血液型 | A | B | O | AB |
|---|---|---|---|---|
| 人数 | 6 | 4 | 3 | 2 |

図1-6　質的データの集計

　一方，身長や体重，年齢，気温といった量的データの場合，それぞれの値を単に集計しても，同じ値を持つものは少ないです。そこで，こういった量的データの分布を見るときは，データを等間隔の階級に分け，それぞれの階級にいくつのデータが存在するのか，その個数を記録します。それぞれの階級に含まれるデータの個数を**度数**といい，集計した表を**度数分布表**といいます（図1-7）。

| 152 | 179 | 166 | 181 | 163 |
| 159 | 183 | 174 | 179 | 167 |
| 164 | 170 | 178 | 165 | 172 |
| 184 | 168 | 171 | 177 | 166 |

| 身長(cm) | 度数 |
|---|---|
| 160未満 | 2 |
| 160以上170未満 | 7 |
| 170以上180未満 | 8 |
| 180以上 | 3 |

図1-7　度数分布表

　度数分布表で集計した値をグラフのように表現し，データの分布を視覚的に把握できるようにしたものを**ヒストグラム**といいます。横軸に階級，縦軸に度数や相対度数を

取ることで，その高さや面積から階級ごとのデータの量を表現します（**図1-8左**）。**相対度数**とは，全データの中で特定の階級が占める割合のことであり，それぞれの階級の度数を全体のデータ数で割って求めます。相対度数を求めることで，データの分布をパーセンテージとして理解できます（**図1-8右**）。

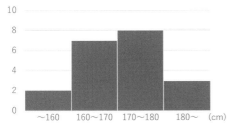

| 身長(cm) | 度数 | 相対度数 |
|---|---|---|
| 160未満 | 2 | 0.10 |
| 160以上170未満 | 7 | 0.35 |
| 170以上180未満 | 8 | 0.40 |
| 180以上 | 3 | 0.15 |
| 合計 | 20 | 1.00 |

図1-8　ヒストグラムと相対度数

**例題**

**図1-7** のデータから，間隔を5cm単位に集計した度数分布表を作成し，それぞれの相対度数を求めてください。

答え

| 身長（cm） | 度数 | 相対度数 |
|---|---|---|
| 155未満 | 1 | 0.05 |
| 155以上160未満 | 1 | 0.05 |
| 160以上165未満 | 2 | 0.10 |
| 165以上170未満 | 5 | 0.25 |
| 170以上175未満 | 4 | 0.20 |
| 175以上180未満 | 4 | 0.20 |
| 180以上 | 3 | 0.15 |
| 合計 | 20 | 1.00 |

## データを代表する値を求める ～代表値 (平均, 中央値, 最頻値)

●平均 (平均値), 中央値, 最頻値の計算方法を理解している
●データの分布によって代表値を適切に使い分けることを理解している

### 解説

　度数分布表やヒストグラムをつくるとデータの分布を把握できますが, その分布を見て感じることは人によって異なります。データに対して共通の認識を持つために, データの特徴を1つの数値で表現することがあります。それを**代表値**と呼び, 主な代表値には「平均 (平均値)」「中央値」「最頻値」があります。

#### 平均 (平均値)

　データのすべての値を足し合わせ, そのデータの個数で割ることで求める値です。例えば, 1, 2, 3, 4, 5 という5つのデータがあったとき, その平均は $\frac{1+2+3+4+5}{5}=3$ と計算できます。一般的には, $x_1, x_2, x_3, \cdots, x_n$ という $n$ 個のデータがあったとき, その平均は次のように計算できます。

$$\frac{1}{n}\sum_{i=1}^{n} x_n \left(= \frac{x_1 + x_2 + x_3 + \cdots + x_n}{n}\right)$$

#### 中央値

　データを値の大きさで並べたとき, 中央に位置する値です。データが奇数個の場合はちょうど中央の値を, 偶数個の場合は中央の2つの値の平均を使います。例えば, 1, 2, 3, 4, 5 という5つのデータの中央値は3で, 1, 2, 3, 4 という4つのデータの中央値は $\frac{2+3}{2}=2.5$ です。

#### 最頻値

　与えられたデータの中で最も多く現れる値です。例えば1, 2, 2, 3, 4 という5つのデータがある場合,「1」「3」「4」は1つずつですが「2」は2つあるため, 最頻値は2です。

　これらの3つの代表値が持つ特徴はそれぞれ異なります。平均は, すべてのデータを使って算出するので全体を捉えるのに向いています。中央値は, データの中心がどこにあるのかを把握できます。最頻値は分布のピークを教えてくれます。
　しかし, それぞれの値がデータの全体像を必ずしも反映しているわけではなく, 外れ値やデータの分布によって結果は大きく変わります。例えば, 平均は他のデータから

大きく離れたデータが存在すると, その影響を受けやすい特徴があります。1, 2, 3, 4, 100 という5つのデータであれば, その平均は $\frac{1+2+3+4+100}{5} = 22$ となります。これがこのデータの代表値だということに違和感を抱く人もいるでしょう。中央値であれば, 1, 2, 3, 4, 5 というデータでも, 1, 2, 3, 4, 100 というデータでも同じ「3」になります。

データの分布などを把握した上で, そのデータを表すのに最適な代表値を適切に使い分けることが求められます。

**例題**

次の20個のデータについて, 平均, 中央値, 最頻値をそれぞれ求めてください。

| 2 | 2 | 3 | 5 | 5 | 5 | 6 | 6 | 7 | 8 |
|---|---|---|---|---|---|---|---|---|---|
| 10 | 14 | 14 | 15 | 15 | 15 | 15 | 17 | 17 | 19 |

**答え**

平均はすべてのデータを足してデータの数で割ったものなので, 次のように求められます。

$$\frac{2 \times 2 + 3 + 5 \times 3 + 6 \times 2 + 7 + 8 + 10 + 14 \times 2 + 15 \times 4 + 17 \times 2 + 19}{20} = 10$$

中央値は中央に位置する数なので, 8 と10 の平均を計算し, $\frac{8+10}{2} = 9$ です。

最頻値は, 4回登場する15 です。

- 棒グラフとヒストグラムの違いを理解している
- 棒グラフが量を表現することを理解している
- 折れ線グラフが変化を表現することを理解している

## 解説

データを視覚化するための手段として，「棒グラフ」と「折れ線グラフ」はよく使われています。

### 棒グラフ

データの「量」を表現するときに使われるグラフです。データのカテゴリーを横軸に並べ，そのカテゴリーにおける量を縦軸に取って，その量を表す長さの棒を描きます。例えば，クラス内の各学生のテストスコアの比較，あるいは週ごとの販売数量などを棒グラフで表現できます。

ヒストグラムが量的変数で使われるのに対し，棒グラフは質的変数で使われ，それぞれのカテゴリーごとの量を視覚的に比較できます。ヒストグラムは間隔を空けずに並べるのに対し，棒グラフはカテゴリー間で間隔を空けて並べます（**図1-9**）。

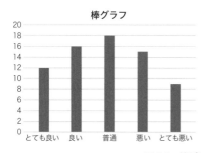
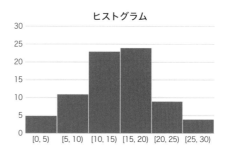

図 1-9　棒グラフとヒストグラム

### 折れ線グラフ

時間の経過とともに変化する時系列データを表現するのに適しています。データのトレンドやパターンを把握するときによく使われ，横軸に時間を，縦軸に観察した量を取って，それぞれの時刻における量を点で描き，それらの点を折れ線で結びます。例えば，

1年間の気温の変動や売上の月次推移などを折れ線グラフで描く方法がよく使われます（**図1-10**）。

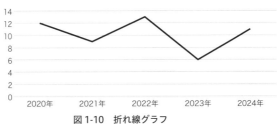

**図1-10　折れ線グラフ**

このように，目的に応じて，データを表現するのに最適なグラフは異なります。棒グラフはカテゴリー間の量の比較に優れ，折れ線グラフは時間変化のパターンやトレンドの把握に有用です。

**例題**

次の折れ線グラフは，ある弁当店の5日間の売上を示しています。グラフから，売上が最も多かった日を答えてください。

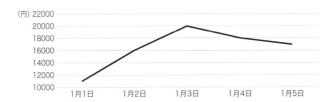

**答え**

グラフより「1月3日」の売上が最も多いです。

● 円グラフの作成方法を理解している

● 円グラフと帯グラフの用途の違いを理解している

● 帯グラフを作成するときの注意点を理解している

## ▋ 解説

割合を表すデータを視覚化するとき，「円グラフ」や「帯グラフ」が使われます。

### 円グラフ

それぞれのカテゴリーが全体に占める比率をわかりやすく表現できるグラフです。円を全体とし，それをカテゴリーごとの割合に応じて扇形に分割します。それぞれの扇形の中心角は，全体を360度としたときに，それぞれのカテゴリーが占める割合を意味します（**図1-11**）。例えば，アンケートの結果や収支の内訳など，データ全体に占める比率を示す場合に円グラフが適しています。ただし，カテゴリーの数が多過ぎると，細い扇形が多くなり見分けにくいため，表示するカテゴリーの数はそれほど多くしないことが推奨されます。

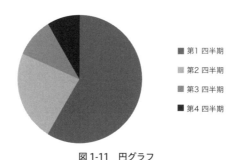

■ 第1 四半期
■ 第2 四半期
■ 第3 四半期
■ 第4 四半期

図1-11　円グラフ

### 帯グラフ（100%積み上げ棒グラフ）

縦または横の一方向に対して，全体を1とした長方形（帯）を描き，その中でカテゴリーごとの割合に応じて区分したグラフです。時系列での割合の変化を円グラフで表そうとすると，複数の円グラフを並べることになり変化がわかりにくくなります。このようなとき，帯グラフ（100%積み上げ棒グラフ）を使うとわかりやすくなります。帯グラフ

であれば，全体に対する各要素の割合と，時系列でどのように変化しているかを可視化できます（**図1-12**）。複数並べるとその違いを一度に把握できて便利ですが，並べるカテゴリーの順番をそろえておくことが重要です。

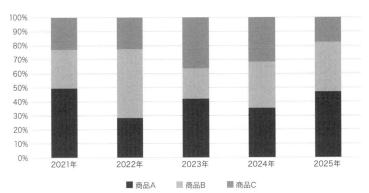

図1-12　帯グラフ（100% 積み上げ棒グラフ）

**例題**

120人の生徒がいて，そのうち野球部員が15人いました。円グラフで表現したとき，野球部員の中心角の大きさを求めてください。

**答え**

野球部員の占める割合は $\frac{15}{120} = 0.125$ なので12.5% です。これを360度の円グラフの中心角で考えると，$360 \times \frac{15}{120} = 45$ なので45度です。

# 1-11 データの散らばり具合を調べる～分散と標準偏差

- 分散の計算方法を理解している
- 標準偏差の計算方法を理解している

## 解説

　平均などの代表値はデータを1つの値で表現できますが，代表値が同じでもデータの分布は異なります。例えば，図1-13の3つのデータの平均はいずれも同じ値ですが，データの分布は異なることがわかります。このようなデータの散らばり具合を数値として表現するために，「分散」や「標準偏差」が使われます。

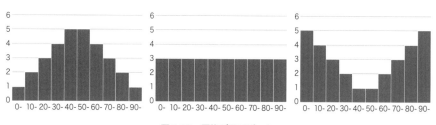

図1-13　平均が同じデータ

## 分散

　データが平均からどれだけ離れているかを表す値です。平均との差をすべてのデータについて求めると，その合計や平均は0になってしまうため，平均との差の2乗を計算し，その平均を求めます。例えば，次のデータであれば，分散は200となります。

|            | A    | B    | C  | D   | E    | 平均 |
|------------|------|------|----|-----|------|------|
| データ      | 60   | 70   | 80 | 90  | 100  | 80   |
| 平均との差   | -20  | -10  | 0  | 10  | 20   | 0    |
| 平均との差の2乗 | 400  | 100  | 0  | 100 | 400  | 200  |

　一般的には，$x_1, x_2, x_3, \cdots, x_n$ という $n$ 個のデータがあり，その平均が $\mu$ のとき，分散 $\sigma$ は次の式で計算できます。

$$\sigma = \frac{1}{n}\sum_{i=1}^{n}(x_i - \mu)^2 \left(= \frac{(x_1 - \mu)^2 + (x_2 - \mu)^2 + \cdots + (x_n - \mu)^2}{n}\right)$$

　分散が大きいほど，データは平均から広く散らばっていることを意味しますが，データの種類や単位が異なると分散も変わってしまいます。そのため分散は，「数学と国語の点数」のような同じ種類のデータの散らばり具合を比較するために使います。

**標準偏差**

　分散の平方根を計算した値です。分散は2乗しているため元のデータから単位（次数）が変わっていますが，平方根を計算することで単位（次数）が元のデータとそろうため，ばらつき度合いを分散よりも直感的に把握できます。分散を $\sigma$ とすると，標準偏差は次の式で求められます。

$$\sqrt{\sigma}$$

　標準偏差も分散と同じように，値が大きいほどデータが平均から広く散らばっていることを示します。

**例題**

次の8つのデータについて，分散と標準偏差を求めてください。

| 56 | 49 | 68 | 72 | 50 | 81 | 63 | 57 |
|----|----|----|----|----|----|----|----|

**答え**

　平均は $\frac{56+49+68+72+50+81+63+57}{8} = 62$ なので，各データについて平均との差を計算すると，「$-6, -13, 6, 10, -12, 19, 1, -5$」となります。

　それぞれ2乗すると，「$36, 169, 36, 100, 144, 361, 1, 25$」なので，その平均を計算し，分散は $\frac{36+169+36+100+144+361+1+25}{8} = 109$ となります。標準偏差は $\sqrt{109} = 10.44\cdots$ です。

## 1-12 データをまとめる〜集合 (和集合, 積集合, 差集合, ベン図)

### ここがポイント！

●集合の考え方を理解している

●和集合と積集合，差集合の求め方を理解している

●ベン図の読み取り方を理解している

### 解説

　同じような特徴を共有する要素のまとまりを**集合**といいます。例えば，数字の集合，文字の集合，人々の集合など，具体的な条件で1つのグループにまとめたものが集合で，集合を構成するそれぞれを**要素**といいます。集合には，「和集合」や「積集合」,「差集合」といった演算が定義されています。

#### 和集合

　2つの集合のいずれか，もしくは両方に含まれるような要素からなる集合を指します。$A$と$B$という2つの集合の和集合は，一般に$A \cup B$と書きます。

#### 積集合

　2つの集合の両方に含まれる要素のみからなる集合を指します。$A$と$B$という2つの集合の積集合は，一般に$A \cap B$と書きます。

#### 差集合

　一方の集合からもう一方の集合の要素を除いた結果として得られる集合を指します。集合$A$には含まれるが，集合$B$には含まれない要素からなる集合のような差集合は，一般に$A - B$と書きます。

　これらの演算を視覚的に表現するとき，**ベン図**が役立ちます。ベン図は集合の関係を図示する方法で，楕円を使って表します。例えば，2つの集合の和集合や積集合を表現するときは，2つの楕円を描いて，それぞれが重なる部分と重ならない部分を使って，**図1-14** のように描きます。同様に差集合は，ある円のうち，もう一方の円に含まれない部分を図示します（**図1-15**）。

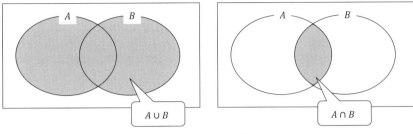

図1-14 和集合と積集合

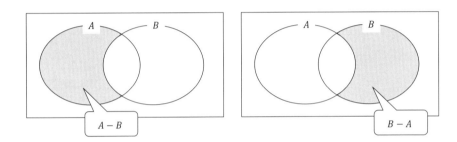

図1-15 差集合

---

**例題**

1から20までの数を考えます。$A =$「3の倍数」、$B =$「5の倍数」という2つの集合 A, B をつくったとき、$A \cup B$, $A \cap B$, $A - B$, $B - A$ に入る数の個数をそれぞれ求めてください。

---

**答え**

集合A は $\{3, 6, 9, 12, 15, 18\}$、集合B は $\{5, 10, 15, 20\}$ です。

このため、$A \cup B = \{3, 5, 6, 9, 10, 12, 15, 18, 20\}$ なので9個、$A \cap B = \{15\}$ なので1個、$A - B = \{3, 6, 9, 12, 18\}$ なので5個、$B - A = \{5, 10, 20\}$ なので3個です。

# 1-13 係数と指数を確実に計算する～文字式の計算

**ここがポイント！**

- 単項式と多項式の特徴を理解している
- 結合法則，交換法則，分配法則について理解している
- 次数の計算方法を理解している

## 解説

　数と変数の加算や減算，乗算，除算を組み合わせた数式を**文字式**といいます。例えば，$ax + b$ や $5xy - z$ のような式が考えられます。これらの式に使われている，$a, b, x, y, z$ はいずれも変数や定数を表しています。そして，加算や減算によって分けられたそれぞれの部分を**項**といい，項が1つだけの式を**単項式**，項が複数ある式を**多項式**といいます。上記の $ax + b$ であれば，$ax$ と $b$ がそれぞれ項であり，項が複数あるのでこれは多項式です。文字式において，以下のような「結合法則」や「交換法則」「分配法則」が成り立ちます。

### 結合法則

　括弧をつける位置によって，演算の順序が結果に影響を与えないという法則です。例えば，加算の場合は $(a + b) + c = a + (b + c)$ が成り立ち，乗算の場合は $(a \times b) \times c = a \times (b \times c)$ が成り立ちます。

### 交換法則

　2つの項の順序を交換しても結果が変わらないという法則です。例えば，加算の場合は $a + b = b + a$ が成り立ち，乗算の場合は $ab = ba$ が成り立ちます。

### 分配法則

　ある数を他の2つの数の和や差に掛け算したとき，それぞれの数に掛けた後に足す（または引く）のと同じ結果になるという法則です。例えば，$a(b + c) = ab + ac$ のように，括弧内の各項に外側の項を掛けることで，括弧を外すことができます。

　これらの法則を使って，文字式を整理できます。例えば，$3a + 2a$ を計算するには，$a$ の係数を足し合わせて $5a$ と整理できます。同様に，$3ab + 4ab$ の場合は，$ab$ の係数を足し合わせて $7ab$ と整理できます。無関係の項は，そのままにしておきます。

　このように，足し算や引き算では同じ文字が使われている項を整理します。掛け算や割り算の場合は，係数どうし，文字どうしで計算し，文字の部分については使われ

ている変数の指数を計算します。このとき，文字式の累乗の計算は指数法則により，$a^m \times a^n = a^{m+n}, (a^m)^n = a^{mn}$ となります。例えば，$5a \times 3b = 15ab$ となりますし，$5a^2b \times 3ab^3 = 15a^3b^4$ となります。

なお，1つの項に含まれる変数の指数の総和を**次数**といいます。例えば，$3x^2y^3$ の場合，$x$ の指数が2，$y$ の指数が3なので，次数は $2 + 3 = 5$ です。多項式の次数は，その多項式の中で最も次数が高い項の次数が全体の次数です。例えば，$2x^3 + 3x^2 + 5xy + y^2 - 4$ という式の次数は3です。これは，最も高い次数を持つ項が $2x^3$ で，この項の次数が3であるためです。また，式の次数が2の式を2次式，次数が3の式を3次式ともいいます。

### 例題

次の式を計算してください。

(1) $3x^2y + 4xy^2 - 2x^2y - xy^2$

(2) $6x^3y^2 \times 2xy^3$

### 答え

(1) 同じ文字についてそれぞれ係数を足し合わせると，$x^2y$ の係数は $3 - 2 = 1$，$xy^2$ の係数は $4 - 1 = 3$ なので，$x^2y + 3xy^2$ となります。

(2) 係数どうしを掛け算すると $6 \times 2 = 12$，$x$ の指数部分は $3 + 1 = 4$，$y$ の指数部分は $2 + 3 = 5$ なので，$12x^4y^5$ となります。

等式が成り立つ変数の値を求める〜方程式

- 1次方程式の解き方を理解している
- 移項によって計算する手順を理解している

## 解説

変数が含まれた等式で，その変数が特定の値のときだけ成り立つような式を**方程式**といいます。例えば，次のような式が考えられます。

$$3x + 6 = 0$$

この方程式では，$x$ が変数であり，未知の値です。一方，3 や6 といった数は既知の定数です。この式が成り立つ $x$ の値を求めることが目的で，両辺から6 を引くと，次のように計算できます。

$$3x + 6 - 6 = 0 - 6$$

これを整理すると，

$$3x = -6$$

となります。そして，両辺を3 で割ると，次のように計算できます。

$$3x \div 3 = -6 \div 3$$

これを整理すると，

$$x = -2$$

となります。つまり，この方程式が成り立つ $x$ を求められます。また，この $x$ の値を冒頭の式に代入すると，式が成り立つこともわかります。これ以外に成り立つ $x$ の値はありません。

このような，最大の次数が1 である変数を含む等式を**1次方程式**といいます。1次方程式は一般に $ax + b = 0$ の形で表され，$a$ と $b$ は定数，$x$ は解を求める目的で使われる変数（未知数）です。特に $a$ は 0 以外の数でなければなりません。

方程式は，等式を満たす $x$ の値，つまり**解**を求めることが目的です。このように，両辺から同じ値を引く，同じ値を足す，同じ値を掛ける，同じ値で割る，といった操作によって式を整理し，解を求めます。

この計算において，両辺から同じ値を引いたり足したりするときは，**移項**という操作で考えることが一般的です。つまり，符号を変えて左辺から右辺に，あるいは右辺から左辺に移動させる方法です。具体的には，「$3x + 6 = 0$」という式であれば，左辺の「$+6$」を右辺に移項すると，「$3x = -6$」と計算できます。

　最終的に左辺を $x$ だけにするため，右辺に $x$ を含む項があればその項を左辺に移項し，左辺に数値の項があれば右辺に移項します。例えば，次のような式を解くことを考えます。

$$4x + 3 = 2x + 5$$

　この場合，右辺にある $2x$ を左辺に移項し，左辺にある $3$ を右辺に移項します。これにより，次のように変形できます。

$$4x - 2x = 5 - 3$$

　これを整理すると，

$$2x = 2$$

となります。両辺を $2$ で割ると，$x = 1$ という解が求められます。

### 例題

　次の方程式を解いてください。

$$-3x + 7 = -6x + 1$$

### 答え

　右辺にある $-6x$ の項を左辺に移項し，左辺にある $+7$ の項を右辺に移行すると，次のように変形できます。

$$-3x + 6x = 1 - 7$$

　これを整理すると，

$$3x = -6$$

となります。両辺を $3$ で割ると，$x = -2$ という解を求められます。

● 代入法による連立方程式の解き方を理解している

● 加減法による連立方程式の解き方を理解している

## 解説

複数の方程式からなる式を**連立方程式**といいます。連立方程式では，それぞれの方程式を同時に満たす共通の解を持ちます。例えば，次のような2つの1次方程式からなる連立方程式が考えられます。

$$\begin{cases} 2x + 3y = 5 \\ 3x - 2y = 1 \end{cases}$$

この $x$ と $y$ が変数（未知数）で，いずれの式も満たすような $x$ と $y$ の組み合わせを見つけることが目標です。このような連立方程式を解くときには「代入法」と「加減法」がよく使われます。

### 代入法

いずれかの方程式から変数の1つを他の変数で表現し，それを他の方程式に代入する方法です。例えば，上記の場合，1つ目の方程式を次のように $y$ で解きます。

$$y = -\frac{2}{3}x + \frac{5}{3}$$

そして，もう1つの式の $y$ に代入すると，次のように $x$ だけで構成される方程式になります。

$$3x - 2\left(-\frac{2}{3}x + \frac{5}{3}\right) = 1$$

この式から解いた $x$ の値を元の方程式に戻して，$y$ を求めます。

### 加減法

方程式どうしを足したり引いたりして，変数を1つ消去する方法です。このとき，変数の1つが消えるように，係数をそろえることがポイントです。例えば，上記の連立方程式であれば，1つ目の式の両辺を2倍，2つ目の式の両辺を3倍すると，次の連立方程式が得られます。

$$\begin{cases} 4x + 6y = 10 \\ 9x - 6y = 3 \end{cases}$$

この2つの式を足し算すると，$13x = 13$のように$y$の項を消去でき，$x$の値を求められます。そして，元の方程式に戻して$y$を求めます。

### 例題

男性と女性が合わせて25人います。男性が5000円，女性が3000円支払ったところ，合計で9万5000円になりました。男性と女性の人数を求めてください。

### 答え

男性の人数を$x$，女性の人数を$y$とすると，次の連立方程式ができます。

$$\begin{cases} x + y = 25 \\ 5000x + 3000y = 95000 \end{cases}$$

まずは代入法で解いてみます。1つ目の式の$x$を右辺に移項すると，$y = 25 - x$となるので，これを2つ目の式に代入すると，

$$5000x + 3000(25 - x) = 95000$$

となります。これを解くと，$x = 10$となります。この結果を$y = 25 - x$に代入すると，$y = 15$となります。つまり，男性が10人，女性が15人です。

続いて，加減法で解いてみます。1つ目の式の両辺を3000倍すると，次の連立方程式が得られます。

$$\begin{cases} 3000x + 3000y = 75000 \\ 5000x + 3000y = 95000 \end{cases}$$

この2つ目の式から1つ目の式を引くと，$2000x = 20000$と整理できます。これを解くと，$x = 10$となり，後は上記と同様に計算すると，男性が10人，女性が15人であることがわかります。

# 1-16 2次方程式を解く〜因数分解と2次方程式

- 因数分解の手順を理解している
- 2次方程式の解法として，因数分解を使う方法と解の公式を使う方法を理解している

## 解説

　1より大きく，正の約数が1とその数のみである自然数を**素数**といいます。つまり，1とその数自身以外にその数を割れる数がない数です。小さい方から順に列挙すると，$2, 3, 5, 7, 11, 13, \cdots$ のように無限に存在します。

　そして，ある整数を素数の掛け算で表現するように分解することを**素因数分解**といいます。例えば，12という数は，$2 \times 2 \times 3$ のように分解できます。このように，ある数を割り切ることができる整数を**因数**といいます。

　これと同じように，文字式を掛け算で表現するように分解することを**因数分解**といいます。例えば，$x^2 - 5x + 6 = (x - 2)(x - 3)$ のように分解することを指します。このように分解すると，後述する2次方程式の解を求めるときなどに便利に使えます。

　ここでは，$ax^2 + bx + c$ のような形で表される2次式の因数分解について考えます。ここで，$a, b, c$ は任意の定数です。このような2次式を因数分解するときは，以下のような手順で進めます。

### 手順1　共通因数を見つける

　すべての項に共通する因数がある場合，それを取り出します。例えば，$2x^2 + 4x$ という式であれば，$2x$ が共通する因数であり，これを外に出して $2x(x + 2)$ と因数分解できます。

### 手順2　$x^2 + bx + c$ という形の式の因数分解を考える

　次に，$x^2 + bx + c$ という形の式（つまり $a = 1$ のとき）について考えます。この式では，「掛けて $c$」「足して $b$」になる2つの数を探します。このような数 $p, q$ を見つけられると，元の2次式は $(x + p)(x + q)$ という形に因数分解できます。つまり，$p + q = b, pq = c$ となります。

　具体的な例として，$x^2 + 6x + 8$ という式の因数分解を考えます。まずは「掛けて8」になる数をリストアップすると，「1と8」「2と4」が考えられます。そのペアの中で，「足して6」になる数を考えると，「2と4」が該当します。このため，元の式は $(x + 2)(x + 4)$ のように因数分解できます。

**手順3　たすき掛けを考える**

　$a$ が 1 でない場合,「掛けて $a$」になる 2 つの数と,「掛けて $c$」になる 2 つの数を探します。そして,これらを斜めに掛けて足したときに,$b$ になるような組み合わせを探します。

　具体的な例として,$2x^2 + 7x + 6$ という式の因数分解を考えます。まずは「掛けて2」になる数を考えると「1 と 2」だけで,「掛けて6」になる数は「1 と 6」「2 と 3」の2通りです。これらを斜めに掛けて足したときに「7」になるものを探すと,**図1-16**のように「1 と 2」「2 と 3」の組み合わせが考えられます。

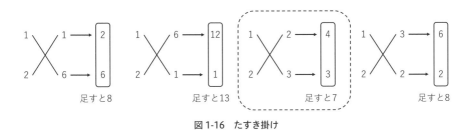

図 1-16　たすき掛け

　これにより,元の式は $(x + 2)(2x + 3)$ のように因数分解できます。

　なお,次数が 2 の方程式を2次方程式といいます。例えば,$2x^2 - 3x - 5 = 0$ のような式が考えられます。一般的には $ax^2 + bx + c = 0$ のように表現され,ここに使われる $a, b, c$ は定数で $a$ は 0 以外の数です。そして,$x$ は解を求める目的で使われる変数です。このような2次方程式を解くとき,「因数分解を使う方法」と「解の公式を使う方法」がよく使われます。

**因数分解を使う方法**

　上記の場合,次のように因数分解できます。

$$(x + 1)(2x - 5) = 0$$

　この場合,$x + 1$ と $2x - 5$ のいずれかが 0 になると,この式を満たすので,$x + 1 = 0$ を解いた $x = -1$ と,$2x - 5 = 0$ を解いた $x = \dfrac{5}{2}$ が解となります。

　ただし,因数分解ができない場合もありますし,因数分解を思いつかない場合もあります。

## 解の公式を使う方法

　因数分解ができないような場合でも，2次方程式の解を求められる方法です。例えば，$ax^2 + bx + c = 0$ という2次方程式の解は，次の公式で求められます。

$$x = \frac{-b \pm \sqrt{b^2 - 4ac}}{2a}$$

　上記の場合，$x = \frac{-(-3) \pm \sqrt{(-3)^2 - 4 \times 2 \times (-5)}}{2 \times 2} = \frac{3 \pm \sqrt{49}}{4} = \frac{3 \pm 7}{4}$ なので，$x = -1, \frac{5}{2}$ と求められます。

　解の公式はどんな2次方程式でも適用できますが，因数分解を使うと効率よく解けることが多いものです。

　解の公式を使うとき，分子の平方根の中が負の数になる可能性があるため，実数の解が得られるとは限りません。これを判断するために，分子の平方根の中にある

$$b^2 - 4ac$$

の部分を計算する方法が使われ，この部分を**判別式**と呼びます。判別式の値によって，実数の解を持つか，その実数解がいくつ存在するかを判断できます。

　上記の式では判別式の値が「49」になっています。このように判別式の値が正の数であれば，2次方程式は2つの実数解を持ちます。判別式の値が 0 の場合，方程式はちょうど1つの実数解（重解）を持ちます。そして判別式の値が負の数であれば，方程式は実数解を持ちません。

　例えば，$x^2 - 6x + 9 = 0$ という2次方程式であれば，判別式の値は

$$(-6)^2 - 4 \times 1 \times 9 = 36 - 36 = 0$$

なので，1つの実数解を持ちます。

　また，$x^2 + 5x + 7 = 0$ という2次方程式であれば，判別式の値は

$$5^2 - 4 \times 1 \times 7 = 25 - 28 = -3$$

なので実数解を持ちません。

---

**例題**

（1）2次方程式 $3x^2 - x - 2 = 0$ を解いてください。

（2）2次方程式 $x^2 - 3x + 1 = 0$ の解を $\alpha, \beta$ とするとき，$\alpha - \beta$ の値を求めてください。ただし，$\alpha < \beta$ とします。

（3）縦の長さが $x$ cm，横の長さが縦の長さより3cm長い長方形の面積が $28\,\text{cm}^2$ でした。縦の長さを求めてください。

答え

(1) 左辺を因数分解すると，$(x-1)(3x+2) = 0$ となるため，$x = 1, -\dfrac{2}{3}$

(2) 解の公式を使うと，$x = \dfrac{-(-3)\pm\sqrt{(-3)^2 - 4\times1\times1}}{2\times1} = \dfrac{3\pm\sqrt{5}}{2}$ となります。$\alpha < \beta$ なので，

$\alpha = \dfrac{3-\sqrt{5}}{2}, \beta = \dfrac{3+\sqrt{5}}{2}$ であり，$\alpha - \beta = \dfrac{3-\sqrt{5}}{2} - \dfrac{3+\sqrt{5}}{2} = -\sqrt{5}$

(3) 縦の長さが $x$，横の長さが $x+3$ の長方形なので，その面積は $x(x+3)$ で計算で
きます。これが28と等しいので，$x(x+3) = 28$ を解きます。

左辺を展開し，右辺の28を左辺に移行すると，$x^2 + 3x - 28 = 0$ となります。

この左辺を因数分解すると，$(x-4)(x+7) = 0$ となるため，$x = 4, -7$ です。

ここで，$x$ は縦の長さなので負の数は不適。このため，縦の長さは4cm です。

- 1次関数の直線の式における変数間の関係を理解している
- 1次関数の式からグラフを描ける
- 平面上の2点の座標から，それを通る直線の式を求められる

## 解説

$x$ の値を1つ決めると，$y$ の値が1つ決まるものを**関数**といいます。

様々な関数の中で，$x$ の次数が「1」の関数を**1次関数**といいます。1次関数は，一般的に $y = ax + b$ のような式で表現されます。ここで，$x$ ，$y$ は変数，$a$ ，$b$ は定数で，特に $a$ は0でない数です。

1次関数を平面で考えると直線になります。$a$ は $x$ の値が1変化したときに $y$ の値がどれだけ変化するかを表す値で，これを直線の**傾き**といいます。グラフ上の $x$ の増加量と $y$ の増加量の比（$\frac{y \text{の増加量}}{x \text{の増加量}}$）で計算することができ，**変化の割合**と呼ばれることもあります。また，$b$ は直線が $y$ 軸と交差する点の $y$ 座標で**切片**といいます。$a$ が大きいほど直線の傾きは急になり，$a$ が正の数であれば右肩上がり，$a$ が負の数であれば右肩下がりの直線になります。$b$ が大きいほど直線は上にずれます（**図1-17**）。

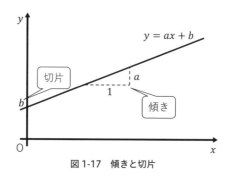

図 1-17　傾きと切片

傾きが3で，点 $(2, 4)$ を通る直線の式を求めたい場合は，$y = ax + b$ という式に代入すると，$4 = 3 \times 2 + b$ となり，これを解くと $b = -2$ です。つまり，求める式は $y = 3x - 2$ です。

　点 $(1, 3)$ と点 $(4, 6)$ を通る直線の式を求めたい場合も同様に，$y = ax + b$ という式に代入すると，次の連立方程式が得られます。

$$\begin{cases} 3 = a + b \\ 6 = 4a + b \end{cases}$$

これを解くと，$\begin{cases} a = 1 \\ b = 2 \end{cases}$ となり，求める式は $y = x + 2$ です。

**例題**

　次の1次関数について，直線の式を答えてください。

(1) 傾きが4で切片が2

(2) 傾きが2で，点 $(1, 3)$ を通る

(3) 点 $(2, 1)$ と点 $(5, 4)$ を通る

答え

　それぞれ $y = ax + b$ という式に代入して求めます。

(1) $y = 4x + 2$

(2) $3 = 2 \times 1 + b$ を解くと $b = 1$ なので，$y = 2x + 1$

(3) $\begin{cases} 1 = 2a + b \\ 4 = 5a + b \end{cases}$ を解くと $\begin{cases} a = 1 \\ b = -1 \end{cases}$ なので，$y = x - 1$

# 1-18 放物線を描く関数〜 2次関数

## 解説

$y = ax^2 + bx + c$ のような，最大の次数が「2」の関数を**2次関数**といいます。ここで，$x, y$ は変数，$a, b, c$ は定数です。特に $a$ は 0 でない数です。2次関数の特徴として，グラフが**放物線**という曲線になることが挙げられます。

この放物線は，$a$ の正負によって向きが決まります。$a$ が正の数であれば，放物線は図1-18左のような形に，$a$ が負の数であれば，放物線は**図1-18**右のような形になります。この放物線は左右対称で，その対象軸を**軸**といいます。また，その軸と放物線との交点を**頂点**といいます（**図1-19**を参照）。

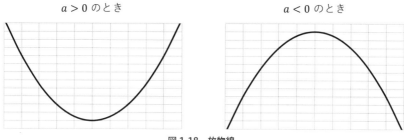

$a > 0$ のとき　　　　　　$a < 0$ のとき

図 1-18　放物線

与えられた2次関数の式からグラフを描くことを考えます。このとき，次のように式を変形することを**平方完成**といいます。

$$y = ax^2 + bx + c \rightarrow y = a\left(x + \frac{b}{2a}\right)^2 - \frac{b^2 - 4ac}{4a}$$

例えば，$y = 2x^2 - 8x + 3$ という関数であれば，$y = 2(x - 2)^2 - 5$ と変形できます。これにより，軸は $x = 2$ であり，頂点が（2, −5）という座標であることがわかります。これを使ってグラフを描くと，**図1-19**のようになります。

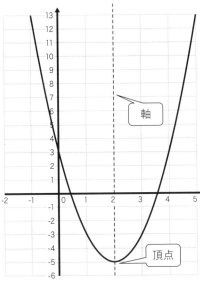

図1-19　$y = 2x^2 - 8x + 3$ のグラフ

**例題**

　右のグラフで表される2次関数の式を求めてください。

**答え**

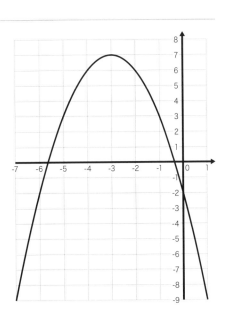

　頂点の座標が（$-3, 7$）なので，$y = a(x+3)^2 + 7$ という式で表現できます。そして，$y$ 軸との切片が$-2$であることから，（$0, -2$）という座標をこの式に代入すると，$-2 = a \times 3^2 + 7$ となります。これを解くと $a = -1$ なので，求める式は $y = -x^2 - 6x - 2$ です。

## 1-19 2次関数のグラフとx軸の交点を求める ～放物線とx軸との共有点

### ここがポイント！

● 放物線と $x$ 軸の交点を求められる
● 判別式によって2次関数のグラフと $x$ 軸との交点の数を求められることを理解している

### 解説

1次関数のグラフが $x$ 軸と交わる点の座標は，1次関数の式である $y = ax + b$ において，$y = 0$ を代入して得られる方程式を解いて求められます。例えば，$y = 3x - 6$ という関数のグラフが $x$ 軸と交わる点の座標は，$0 = 3x - 6$ を解いて，$x = 2$ と求められます。1次関数は直線なので，$x$ 軸とは1カ所だけで交わります（**図1-20左**）。

同じように，2次関数のグラフが $x$ 軸と交わる点の座標も，2次関数の式である $y = ax^2 + bx + c$ に $y = 0$ を代入した2次方程式を解くことで求められます。例えば，2次関数が $y = x^2 + 2x - 3$ であれば，この式に $y = 0$ を代入し，$x^2 + 2x - 3 = 0$ を解きます。この式の左辺を因数分解し，$(x + 3)(x - 1) = 0$ を解くと，$x = -3, 1$ と求められます（**図1-20右**）。

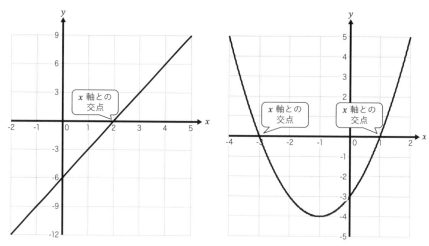

図 1-20　 $x$ 軸との交点

この場合は $x$ 軸と2カ所で交わりましたが，すべての放物線が $x$ 軸と交わるわけではありません。2次方程式の項（1-16）で「解の公式」を取り上げ，「判別式」の値によって

実数解がいくつ存在するかが決まると説明しました。それと同じです。つまり，判別式の値が正の数のときは2次方程式が2つの実数解を持つため，放物線は $x$ 軸と2カ所で交わります。判別式の値が $0$ のときは2次方程式が1つの重解を持つため，放物線は $x$ 軸と1カ所で接します。判別式の値が負の数のときは2次方程式に実数の解はなく，放物線は $x$ 軸と交わりません。

---

**例題**

　次の2次関数が $x$ 軸と交わるかを考え，交わる場合はその $x$ 座標を答えてください。

(1) $y = x^2 - 4x + 3$

(2) $y = x^2 - 6x + 9$

(3) $y = x^2 - 2x + 3$

---

答え

(1) 判別式を計算すると $16 - 4 \times 3 = 4$ なので2つの実数解を持つことがわかります。$x^2 - 4x + 3 = 0$ の左辺を因数分解して，$(x-1)(x-3) = 0$ を解くと，$x = 1, 3$ と求められます。

(2) 判別式を計算すると $36 - 36 = 0$ なので1つの実数解を持つことがわかります。$x^2 - 6x + 9 = 0$ の左辺を因数分解して，$(x-3)^2 = 0$ を解くと，$x = 3$ と求められます。

(3) 判別式を計算すると $4 - 4 \times 3 = -8$ なので実数解を持ちません。つまり，$x$ 軸とは交わりません。

## 多角形の内角の和を求める
### ～三角形（直角三角形，二等辺三角形）

**ここがポイント！**

- 直角三角形や二等辺三角形，正三角形などの特徴を理解している
- 三角形や多角形の内角の和の求め方を理解している

### 解説

　平面における図形を考えるとき，よく出てくるのが「三角形」や「多角形」です。三角形は角が3つある図形で，多角形は角の数に応じて四角形や五角形，六角形などがあります。

　三角形の3つの角のうち，1つの角の大きさが90°の図形を**直角三角形**といい，他の2つの角の大きさは90°より小さくなります。また，90°の角と向かい合う辺を**斜辺**といいます（**図1-21**左）。三角形の3つの辺のうち，2つの辺の長さが等しい図形を**二等辺三角形**といいます。形の対称性から，残りの1辺（底辺）の両端にある2つの角の大きさは等しくなります（**図1-21**右）。三角形の3つの辺の長さが等しい図形を**正三角形**といい，3つの角はすべて等しくなります。

直角三角形　　　　　　　　二等辺三角形

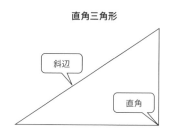
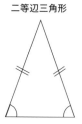

図 1-21　直角三角形と二等辺三角形

　直角三角形や二等辺三角形，正三角形に限らず，どんな三角形でも内角の和は180°です。2つの角の大きさがわかると，残る1つの角の大きさは計算できます。

　多角形の内角の和は，三角形に分けると簡単に計算できます。例えば，四角形であれば，2つの三角形に分けると，それぞれの三角形の内角の和は180°なので，四角形の内角の和は 180 + 180 = 360° と計算できます（**図1-22**）。

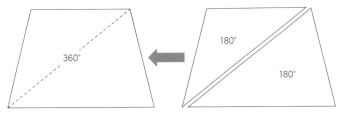

図 1-22　四角形の内角の和

　これは五角形や六角形でも同じで，三角形に分けて考えると，$n$ 本の辺を持つ多角形の内角の和は $(n-2) \times 180$ で計算できます。

**例題**

　次の多角形について，内角の和を求めてください。

（1）五角形

（2）六角形

（3）二十角形

**答え**

　多角形の内角の和は $(n-2) \times 180$ で計算できますので，辺の数を代入して計算します。

（1）$(5-2) \times 180 = 540°$

（2）$(6-2) \times 180 = 720°$

（3）$(20-2) \times 180 = 3240°$

- 三平方の定理で直角三角形の辺の長さを計算できる
- 代表的な直角三角形の辺の比を理解している

## 解説

　直角三角形における3辺の長さの関係性を明示した定理として**三平方の定理**があります。ピタゴラスという数学者の名前から**ピタゴラスの定理**と呼ばれることもあります。三平方の定理は「直角三角形の斜辺の長さの2乗は，残りの2辺の長さの2乗の和と等しい」というものです。斜辺の長さを$c$，残りの2辺の長さを$a,b$とすると，$a^2 + b^2 = c^2$と表現できます（**図1-23**）。

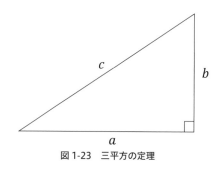

図 1-23　三平方の定理

　わかりやすい例として，$a = 3, b = 4, c = 5$などがあります。実際に代入してみると，$3^2 + 4^2 = 9 + 16 = 25 = 5^2$のように成り立つことがわかります。それぞれの辺の長さを2倍した$a = 6, b = 8, c = 10$，3倍した$a = 9, b = 12, c = 15$などでも同じように成り立ちます。また，**図1-24**のように3つの角度が「45°, 45°, 90°」の三角形では$a = 1, b = 1, c = \sqrt{2}$という比率になっています。また，3つの角度が「30°, 60°, 90°」の三角形では$a = 1, b = \sqrt{3}, c = 2$という比率になっています。

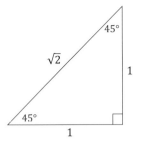
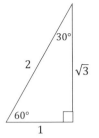

図 1-24　代表的な直角三角形

これは逆も成り立ち，三角形の辺の比が「$1:1:\sqrt{2}$」ならば $45°, 45°, 90°$ の直角二等辺三角形，「$1:2:\sqrt{3}$」ならば $30°, 60°, 90°$ の直角三角形であることがわかります。

**例題**

次の図の直角三角形で，$x$ の値を求めてください。

(1)
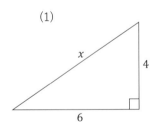

(2)
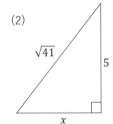

**答え**

(1) 三平方の定理の式に代入すると，$6^2 + 4^2 = x^2$ となります。

　　これを解くと，$x = \sqrt{52} = 2\sqrt{13}$

(2) 三平方の定理の式に代入すると，$x^2 + 5^2 = \left(\sqrt{41}\right)^2$ となります。

　　これを解くと，$x = 4$

三角形での辺の比の特徴を知る〜三角比

- 三角比の計算方法を理解している
- よく使われる 30°, 45°, 60° の角についての三角比を知っている
- 三角比の相互関係を理解している

## 解説

　直角三角形における辺の長さの比を表す値として**三角比**があります。この三角比には，「サイン（sin）」「コサイン（cos）」「タンジェント（tan）」の3種類があります。

　**図1-25** の三角形の左下にある角の大きさが $\theta$ であり，底辺，高さ，斜辺の長さがそれぞれ $a, b, c$ である直角三角形を考えます。

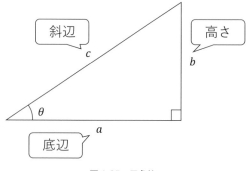

図 1-25　三角比

　この三角形における三角比は次の式で定められます。

$$\sin\theta = \frac{b}{c}, \qquad \cos\theta = \frac{a}{c}, \qquad \tan\theta = \frac{b}{a}$$

　よく使われるのは，30°, 45°, 60° の角についての三角比です。この角度の直角三角形における3辺の長さは，**図1-26** のようになっているため，30° の三角比は次のように計算できます。

$$\sin 30° = \frac{1}{2}, \qquad \cos 30° = \frac{\sqrt{3}}{2}, \qquad \tan 30° = \frac{1}{\sqrt{3}}$$

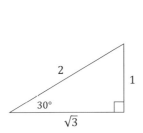 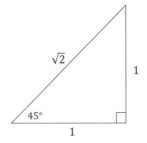 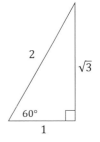

図1-26　よく使われる三角比

また，三平方の定理により，$\sin\theta$ と $\cos\theta$ の間には，次の関係があります。

$$\sin^2\theta + \cos^2\theta = 1$$

さらに，$\sin\theta$ と $\cos\theta$，$\tan\theta$ の間には次の関係があります。

$$\tan\theta = \frac{\sin\theta}{\cos\theta}$$

このような三角比の間にある関係を**相互関係**といいます。

**例題**

45°の角と，60°の角についての三角比を求めてください。

**答え**

45°の角についての辺の比は，**図1-26**中央のように $1:1:\sqrt{2}$ であるため，次のように求められます。

$$\sin 45° = \frac{1}{\sqrt{2}}, \qquad \cos 45° = \frac{1}{\sqrt{2}}, \qquad \tan 45° = 1$$

また，60°の角についての辺の比は，**図1-26**右のように $1:2:\sqrt{3}$ であるため，次のように求められます。

$$\sin 60° = \frac{\sqrt{3}}{2}, \qquad \cos 60° = \frac{1}{2}, \qquad \tan 60° = \sqrt{3}$$

# 1-23 三角関数で計算する〜正弦定理と余弦定理

## ここがポイント！

- 様々な角度での三角関数の求め方を理解している
- 三角関数のグラフを理解している
- 正弦定理と余弦定理を理解している

## 解説

前項で三角比を直角三角形で考えましたが，三角形では0°から90°までの範囲でしか考えられません。しかし，**図1-27**のように座標として考え，原点を中心とする半径1の円を使うと，0°から360°までの値を計算できるようになります。

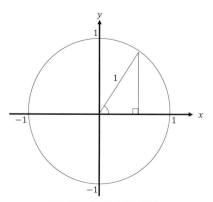

図1-27　座標として考える

これは半径1の円なので，サインは円上に取った点の$y$座標の値を，コサインは$x$座標の値をそのまま使えることを意味します。そして，タンジェントは，$\dfrac{y\,座標の値}{x\,座標の値}$で求められます。このため，120°のところに点を取ると，

$\sin 120° = \dfrac{\sqrt{3}}{2}$, $\cos 120° = -\dfrac{1}{2}$, $\tan 120° = -\sqrt{3}$ と計算できます。

これを使って0°から180°について求めると，次の表が完成します。

| $\theta$ | 0° | 30° | 45° | 60° | 90° | 120° | 135° | 150° | 180° |
|---|---|---|---|---|---|---|---|---|---|
| $\sin\theta$ | 0 | $\dfrac{1}{2}$ | $\dfrac{1}{\sqrt{2}}$ | $\dfrac{\sqrt{3}}{2}$ | 1 | $\dfrac{\sqrt{3}}{2}$ | $\dfrac{1}{\sqrt{2}}$ | $\dfrac{1}{2}$ | 0 |
| $\cos\theta$ | 1 | $\dfrac{\sqrt{3}}{2}$ | $\dfrac{1}{\sqrt{2}}$ | $\dfrac{1}{2}$ | 0 | $-\dfrac{1}{2}$ | $-\dfrac{1}{\sqrt{2}}$ | $-\dfrac{\sqrt{3}}{2}$ | $-1$ |
| $\tan\theta$ | 0 | $\dfrac{1}{\sqrt{3}}$ | 1 | $\sqrt{3}$ | — | $-\sqrt{3}$ | $-1$ | $-\dfrac{1}{\sqrt{3}}$ | 0 |

　これは，よく使われる角度だけについて整理したものですが，これ以外の15°や20°といった角度についても，$x$座標と$y$座標がわかれば求められます。このため，角度$\theta$を変数とした関数と考えることもできます。そこで，この$\sin\theta, \cos\theta, \tan\theta$を**三角関数**といいます。

　実際に，横軸に角度$\theta$をとり，0°から360°の範囲で$y = \sin\theta$のグラフを表現すると，図1-28のような曲線になります。

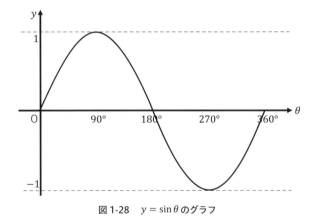

図 1-28　$y = \sin\theta$ のグラフ

ここまでは単独の角度について三角関数を考えましたが，三角形における他の辺の長さや角の大きさについての関係を考えます。例えば，**図1-29**のように三角形の各辺の長さを $a, b, c$，それぞれの辺に向かい合う角を $A, B, C$ とします。

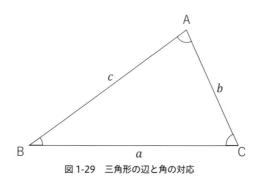

図 1-29　三角形の辺と角の対応

このとき，辺の長さや角の大きさの関係についての定理として**正弦定理**と**余弦定理**があります。

正弦定理は三角形の3つの角のサインの値と，それぞれの角に対応する辺の長さの比が等しいというもので，次の関係が成り立ちます。

$$\frac{a}{\sin A} = \frac{b}{\sin B} = \frac{c}{\sin C}$$

余弦定理は2辺の長さとその挟む角の大きさがわかっているとき，最後の1辺の長さを求められる定理です。三角形のそれぞれの辺に対して成り立つので，次の3つがあります。

$$a^2 = b^2 + c^2 - 2bc \cos A$$
$$b^2 = a^2 + c^2 - 2ac \cos B$$
$$c^2 = a^2 + b^2 - 2ab \cos C$$

これにより，1つ以上の辺の長さと，角度が合わせて3つわかっていれば，他の角度や辺の長さを計算できます。例えば，3辺の長さがわかっている三角形の面積であれば，次の手順で求められます。

**手順1**　余弦定理を使っていずれかの $\cos \theta$ を求める
**手順2**　相互関係を使って $\sin \theta$ を求める
**手順3**　高さを求める
**手順4**　底辺×高さ÷2で面積を求める

**例題**

3辺の長さが4, 5, 6の三角形の面積を求めてください。

**答え**

　まずは余弦定理を使い，1つの角のコサインを求めます。長さ4の辺に向かい合う角の大きさを$\theta$とすると，$4^2 = 5^2 + 6^2 - 2 \times 5 \times 6 \times \cos\theta$より，$\cos\theta = \frac{3}{4}$です。

　次に，相互関係を使って，$\sin^2\theta + \left(\frac{3}{4}\right)^2 = 1$より，$\sin\theta = \frac{\sqrt{7}}{4}$です。したがって，図のように三角形の高さを$h$とすると，$\sin\theta = \frac{h}{5} = \frac{\sqrt{7}}{4}$より$h = \frac{5\sqrt{7}}{4}$となります。

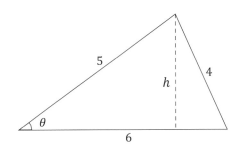

　これにより，この三角形の面積は$6 \times \frac{5\sqrt{7}}{4} \div 2 = \frac{15\sqrt{7}}{4}$です。

**ここがポイント！**

●階乗の計算ができる

●順列の考え方を理解し，その数を計算できる

●組み合わせの考え方を理解し，その数を計算できる

## ▌解説

A,B,C という3つの文字を並べ替えてできるパターンを考えると，「ABC」「ACB」「BAC」「BCA」「CAB」「CBA」の6通りあります。これは，1文字目の選び方が「A」「B」「C」の3通り，2文字目は残りの2文字の2通り，3文字目は残りの1文字の1通りなので，そのパターン数は $3 \times 2 \times 1 = 6$ という計算で求められます。

このような1から $n$ までのすべての数の積を**階乗**といい，$n!$ と書きます。つまり，上記のように3つの文字を並べ替える場合の数は $3!$ であり，これは $3 \times 2 \times 1$ を表しています。一般に，$n! = n \times (n-1) \times (n-2) \times \cdots \times 2 \times 1$ のように計算できます。

複数の項目の中から，異なるいくつかの項目を選ぶとき，選んだ項目の順序が重要な場合の選び方を**順列**といいます。順序が重要なので，同じ項目を選んだとしても，その選び方や並び方が異なれば，それらは異なる順列として扱われます。例えば，A, B, C, D という4つの文字から重複なく2つを選んで並べたときの順列は，次のような12通りが考えられます。

「AB」「AC」「AD」「BA」「BC」「BD」「CA」「CB」「CD」「DA」「DB」「DC」

これは，1文字目が4通り，2文字目が残りの3文字の3通りなので，$4 \times 3 = 12$ という計算で求められます。一般に，$n$ 個の項目から $r$ 個を選ぶ順列の数は，$_nP_r$ と書き，$_nP_r = \frac{n!}{(n-r)!}$ で計算できます。つまり，4個から2個を選ぶ順列の数は，$_4P_2 = \frac{4 \times 3 \times 2 \times 1}{2 \times 1} = 12$ と計算できます。

一方，順序には制約を設けず，$n$ 個の項目から $r$ 個を選ぶことを考えます。つまり，どの項目が選ばれるかが重要で，それらがどのように並べられるかは重要ではありません。このような選び方を**組み合わせ**といいます。

例えば，A, B, C, D という4つの文字から2つを選んだときの組み合わせは，次のような6通りが考えられます。

「AB」「AC」「AD」「BC」「BD」「CD」

　これは，先ほどの順列での「AB」と「BA」は同じもの，「AC」と「CA」は同じもの，というように，同じものを選んだときの順序を無視したものです。つまり，順列として求めた数を，同じものを選んだときの順序の並べ替えのパターン数で割ることで計算できます。

　一般に，$n$ 個の項目から $r$ 個を選び出す組み合わせの数は $_nC_r$ と書き，$_nC_r = \dfrac{n!}{r!(n-r)!}$ で計算できます。

**例題**

(1) 30人が参加する会合で，会長と副会長を選ぶとき，そのパターンは何通りでしょうか。

(2) 30人が参加する会合で，2人を選ぶとき，そのパターンは何通りでしょうか。

**答え**

(1) 会長と副会長を選ぶため，その順序が重要です。このため，順列を計算すると，
$$_{30}P_2 = \frac{30!}{28!} = \frac{30 \times 29 \times 28 \times 27 \times \cdots \times 1}{28 \times 27 \times \cdots \times 1} = 30 \times 29 = 870 \text{ 通りです。}$$

(2) 2人を選ぶため，順序は関係ありません。このため，組み合わせを計算すると，
$$_{30}C_2 = \frac{30!}{2!28!} = \frac{30 \times 29 \times 28 \times 27 \times \cdots \times 1}{2 \times 1 \times 28 \times 27 \times \cdots \times 1} = \frac{30 \times 29}{2 \times 1} = 435 \text{ 通りです。}$$

# 1-25 起こりやすさを数値化する〜確率

## 解説

　日常生活では「降水確率」といった言葉が使われることがあります。これは，「雨が降る」ということがどのくらい起こりやすいかを表す言葉です。このように，起こるかどうかわからないけれど，その起こりやすさを数値化したものが**確率**です。

　確率は0から1までの範囲の値を取り，0に近いと起こりにくく，1に近いと起こりやすいことを意味します。降水確率の場合は％（パーセント）を使うため，0％に近いと雨が降りにくく，100％に近いと雨が降りやすいことを意味します。

　一般に，確率を考えるときは，何らかの実験をして，観測された結果を調べます。例えば，サイコロを何回か振って，どの目がどれだけ出たかを調べる，といった方法が考えられます。このような実験をすることを**試行**といい，試行して観測された結果のことを**事象**といいます。

　サイコロを30回振って，「6」の目が5回出たとき，その確率は $\frac{5}{30}$ と計算できます。一般に，$A$ という事象が起こる確率を $P(A)$ と書き，$P(A) = \frac{\text{事象 A が起こる回数}}{\text{すべての事象}}$ で計算できます。

　なお，サイコロを振るように，実際に何度も試行して集計した結果から求めた確率を**統計的確率**といいます。例えば，サイコロを振ることを30回繰り返した結果，それぞれの目が出た回数が表のようになったとします。

| 出た目 | 1 | 2 | 3 | 4 | 5 | 6 | 合計 |
|---|---|---|---|---|---|---|---|
| 回数 | 5 | 6 | 7 | 3 | 4 | 5 | 30 |

　このとき，それぞれの目が出る統計的確率は次の表のようになり，その合計は1になります。

| 出た目 | 1 | 2 | 3 | 4 | 5 | 6 | 合計 |
|---|---|---|---|---|---|---|---|
| 確率 | $\frac{5}{30}$ | $\frac{6}{30}$ | $\frac{7}{30}$ | $\frac{3}{30}$ | $\frac{4}{30}$ | $\frac{5}{30}$ | 1 |

　毎回このような試行を繰り返すのは大変なので，数学的に計算したいものです。イカサマのないサイコロであれば，サイコロを振る回数を増やすと，どの目も同じくらい出

ることが考えられます。このような事象を「同様に確からしい」といいます。そして，その確率を計算で求めたものを**数学的確率**といい，一般的に確率といったときはこの数学的確率を指します。サイコロの例であれば，数学的確率は表のようになります。

| 出た目 | 1 | 2 | 3 | 4 | 5 | 6 | 合計 |
|---|---|---|---|---|---|---|---|
| 確率 | $\frac{1}{6}$ | $\frac{1}{6}$ | $\frac{1}{6}$ | $\frac{1}{6}$ | $\frac{1}{6}$ | $\frac{1}{6}$ | 1 |

サイコロの目のように，ある値を取る確率が存在するもの（変数）を**確率変数**といいます。そして，確率変数と確率の対応の分布を**確率分布**といいます。

**例題**

1等が10本，2等が100本，3等が1000本，ハズレが2000本入った宝くじがあります。この宝くじを1回引いて，3等が当たる確率を求めてください。

**答え**

全部で $10 + 100 + 1000 + 2000 = 3110$ 本が入っているため，3等が当たる確率は $\frac{1000}{3110} = \frac{100}{311}$ と計算できます。

# 1-26 確率を計算する〜独立，排反，余事象

## ← ここがポイント！

● 独立と排反の違いを理解している
● 余事象の計算について理解している

## 解説

複数の試行や複数の事象における確率について，その関係を考えてみます。

まず，トランプを引いたとき，「8が出る」という事象を $A$，「ハートが出る」という事象を $B$ とし，それらの確率について考えます。トランプは52枚あり，同じ数が4枚ずつあるため，「8が出る」確率 $P(A)$ は $P(A) = \frac{4}{52} = \frac{1}{13}$ と計算できます。また，同じマークは13枚ずつあるため，「ハートが出る」確率 $P(B)$ は $P(B) = \frac{13}{52} = \frac{1}{4}$ と計算できます。

ここで，トランプを2回引いたとき，1回目に「8」が出て，2回目に「ハート」が出る確率を考えます。1回目に引いた後，元に戻していると，1回目の結果は2回目の結果に影響しません。このように，複数の試行に対し，一方での試行の結果がもう一方の試行に影響を与えないことを**独立**といいます。

2つの試行が独立である場合，1つ目の試行で事象 $A$ が起こり，2つ目の試行で事象 $B$ が起こる確率は $P(A \cap B) = P(A) \times P(B)$ で求められます。つまり，今回の確率は $P(A \cap B) = \frac{1}{13} \times \frac{1}{4} = \frac{1}{52}$ と計算できます。

次に，トランプを1回引いたとき，「8が出る，または，ハートが出る」確率は $P(A \cup B)$ と書きます。集合で考えると**図1-30**のようなグレーの領域となり，重なる部分があります。重なる部分「8が出て，それがハートである」というのは1つなので，$P(A \cap B) = \frac{1}{52}$ です。$P(A \cup B) = P(A) + P(B) - P(A \cap B)$ で求められますので，$P(A \cup B) = \frac{1}{13} + \frac{1}{4} - \frac{1}{52} = \frac{16}{52} = \frac{4}{13}$ のように計算できます。

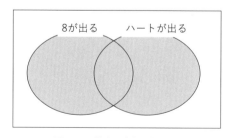

**図1-30　集合で確率を考える**

　なお，2つの事象が同時に発生しないことを**排反**といいます。例えば，トランプを1回引いたとき，「8が出る」事象 $A$ と「9が出る」事象 $B$ は同時に起こることはありません。このように，事象 $A$ と $B$ が排反である場合，$P(A \cap B) = 0$ であり，$P(A \cup B) = P(A) + P(B)$ で求められます。

　「独立」という言葉は試行に対して使われるのに対し，「排反」という言葉は事象に対して使われます。

　また，ある事象があったとき，それが起こらない事象を**余事象**といいます。例えば，トランプを引いたときに「8が出る」事象の余事象は，「8以外が出る」事象です。これはすべての事象の確率からその事象が生じる確率を引いて計算できます。つまり，事象 $A$ の確率を $P(A)$ とすると，余事象の確率は $1 - P(A)$ で求められます。

**例題**

(1) 男性が10人，女性が15人いる集団から2人を選ぶとき，男性が2人になる確率と女性が2人になる確率をそれぞれ求めてください。

(2) 男性が10人，女性が15人いる集団から2人を選ぶとき，男性と女性が1人ずつになる確率を求めてください。

**答え**

(1) 25人から2人を選ぶので，その選び方は全部で ${}_{25}C_2 = \frac{25 \times 24}{2 \times 1} = 300$ 通りです。そのうち，男性が2人になるのは ${}_{10}C_2 = \frac{10 \times 9}{2 \times 1} = 45$ 通りなので，男性が2人になる確率は $\frac{45}{300} = \frac{3}{20}$ です。同様に，女性が2人になるのは ${}_{15}C_2 = \frac{15 \times 14}{2 \times 1} = 105$ 通りなので，女性が2人になる確率は $\frac{105}{300} = \frac{7}{20}$ です。

(2) 上記（1）の結果を使うと，余事象で求められるため，男性と女性が1人ずつになるのは，$1 - \frac{3}{20} - \frac{7}{20} = \frac{10}{20} = \frac{1}{2}$ です。

## データサイエンスの教育トレンドを知ろう

日本政府が2019年に発表した「AI戦略2019」において，教育改革の大目標として以下の内容が挙げられました。

デジタル社会の基礎知識（いわゆる「読み・書き・そろばん」的な素養）である「数理・データサイエンス・AI」に関する知識・技能，新たな社会の在り方や製品・サービスをデザインするために必要な基礎力など，持続可能な社会の創り手として必要な力を全ての国民が育み，社会のあらゆる分野で人材が活躍することを目指し，2025年の実現を念頭に今後の教育に以下の目標を設定：
（以下，略）

出所：AI戦略2019

文部科学省では，「2025年までに全ての大学生・高専生が初級レベルの知識を身につける」「その半数の25万人を応用レベルに習熟させる」という目標に伴い，高校などでもデータサイエンスについての教育が進められている他，多くの大学で「データサイエンス学部」や「データサイエンス学科」が設置されています。その他，総務省においても「社会人のためのデータサイエンス入門」というオンライン講座が開講されるなど，誰もがデータサイエンスについて学べる環境が整いつつあります。また，経済産業省から「第四次産業革命スキル習得講座」（通称:Re スキル講座）というカリキュラムが提示され，各種給付金や助成金が出る講座も多く開発されています。

IT人材やAI人材，DX人材など，様々な表現が使われますが，官民問わずあらゆる業種・業界で，データサイエンスについての知識が求められていることがわかります。

# 機械学習・深層学習

～機械学習・深層学習の数学的理論の理解～

　第2章で解説するのは，最近話題の人工知能（AI）を実現する手法として使われる機械学習です。機械学習では「大量のデータを使って精度を上げる」という考え方があり，現代のAIでよく使われる機械学習は「統計的機械学習」と呼ばれます。その背景にあるのは「統計学」で，データサイエンスで最も求められる数学の知識といえます。

　統計学には，「記述統計学」と「推測統計学」があります。

　「記述統計学」とは，第1章で解説した平均や中央値，最頻値などを求めたり，グラフを描いたりすることが該当します。これは，与えられたデータの特徴や傾向をつかむために使われます。

　一方の「推測統計学」は，母集団から取り出した標本データを使って，母集団の特徴や性質を推定するために使われます。これは，「少ない標本データから全体を高い精度で推測する」という考え方です（図2-0）。

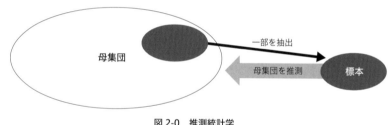

図 2-0　推測統計学

　推測統計学の「少ない標本データから」という考え方と，機械学習の「大量のデータを使って」という考え方は相反していると感じられる人がいらっしゃるかもしれませんが，「データから特徴や性質を見つけ出し，その精度を上げる」という手法は共通しています。

　違うのは，手法を使う目的です。

　統計学を使う目的は，データの特徴や性質を「説明する」ことです。なぜそのような結果が得られるのか，その理由を数学的な根拠をもって説明するために使われています。

　一方の機械学習を使う目的は，データの特徴や性質から「予測する」ことです。このため，機械学習にはニューラルネットワークなど高い精度の結果が得られる手法が考えられていますが，そのパラメーターの意味を人間が理解することは容易ではありません。

　最近では，機械学習によって得られた結論について技術的な知識がない人に説明する「説明可能なAI」という考え方もありますが，あくまでも予測することが目的で，説明

することは難しいものです。もちろん，統計学にも予測に使う手法は多くありますが，その目的はあくまでも数式によって説明することです。

　機械学習でどのような予測ができるのか，その手法について学んでいきましょう！

## 2-1　賢いコンピューターとは？〜 AI と機械学習

### 解説

コンピューターが単に計算などの処理をするだけでなく，人間のような「賢い」動作をする技術を**AI**（Artificial Intelligence）といい，**人工知能**と訳されます。この「賢い」という言葉から受けるイメージは人によって異なりますが，人間と同様，もしくはそれ以上の知能を持つように感じる動作をするものを指すことが多いです。

例えば，「囲碁や将棋で人間のプロ棋士に勝つ」といった限定的な領域での成果もあれば，スマートスピーカーなどで人間と会話できたり，防犯カメラの映像から人間を検出できたり，というように私たちの生活をより便利にするような分野もあります。

こういったAIを実現するために様々な手法が考えられてきました。そして，AIが注目されると，世の中で多くのニュースとして取り上げられ，「人工知能ブーム」が起きました（**図2-1**）。

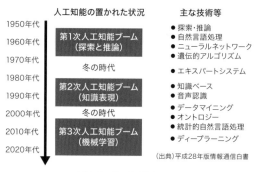

図 2-1　人工知能ブーム

1980年ごろから始まったとされる「第2次AIブーム」の前には，「エキスパートシステム」と呼ばれる技術が注目されました。これは，様々なルールを人間がプログラムとしてつくり込み，そのルールに沿って処理することで人間と同じような知識を表現しようとする試みです。例えば，医者が患者の病名を診断するときに使うような条件を，事前にすべてルールとして入力しておけば，コンピューターが出す質問に患者が答えるだ

けで病名を診断できそうです。

しかし，人間には暗黙知もありますし，人間が持つ知識をプログラムとして表現するには相当な手間がかかります。結果として，人間が持つすべての知識をルールとして記述することは難しく，現実的に普及することはありませんでした。

こういった「ルールを洗い出すのが難しい」といった問題を解決するために，最近使われているAIでの中心的な技術として**機械学習**があります。機械学習は，人間がルールをコンピューターに教えるのではなく，人間が与えたデータをもとにコンピューターが自動的に学習する技術です（**図2-2**）。

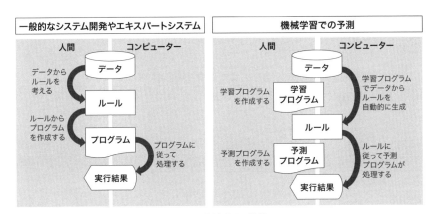

図 2-2　機械学習の特徴

このようにして機械学習でつくられたルールを**モデル**といい，学習に使うデータを「訓練データ」，評価に使うデータを「テストデータ」といいます。訓練データで高い精度で答えを得られるだけでなく，テストデータでも高い精度で答えを導き出せているかを調べることで，そのモデルを評価できます。この機械学習の手法として，「教師あり学習」「教師なし学習」「強化学習」があります。

### 教師あり学習

入力となるデータだけでなく，データに対応する正解を与え，その正解に近い出力ができるようにモデルを調整する手法です。一般に，グループに分ける**分類**と，連続的な数値を求める**回帰**という2つの目的で，その結果を予測するために使われます（**図2-3**）。

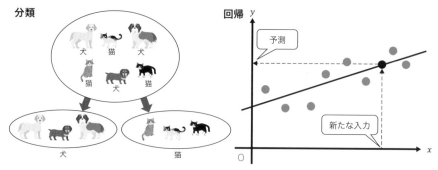

図 2-3　教師あり学習での分類と回帰

## 教師なし学習

　正解となる出力を予測する代わりに，データが持つ潜在的なパターンや構造を調べる方法です。代表的な目的として**クラスタリング**や**次元削減**があります。クラスタリングは，与えられたデータを同じような特徴を持つものでグループ分けします。例えば，人の顔のデータがたくさん与えられたとき，それを同じ顔の人のグループに分ける，といったものが挙げられます。それが誰の顔なのか，正解が与えられるわけではないため，グループに分けた写真が誰なのかをコンピューターは理解していませんが，同じ顔の写真だけを集められます。

## 強化学習

　試行錯誤を繰り返す中で，良い結果が得られたときに報酬を与えることで，その報酬を最大化する手法です。例えば，囲碁や将棋のようなものでは，その局面における最善手は人間にもわかりません。しかし，そこから先に手を進めると，勝敗が決まります。コンピューター同士の対局により手を進めて，勝ったときに報酬を与えると，その局面での「良い手」というのが統計的に判断できます。このように，何らかの状態から行動を起こし，その行動によって起きた変化に対して報酬を与えることで，その報酬を最大化する行動を起こすようになります。

---

**例題**

　教師あり学習の特徴について，適切なものはどれでしょうか。

(1) 人間がルールを用意する必要がある

(2) 新しいデータを生成する能力を持っている

(3) 訓練データには，入力に対応する出力のラベル付けが必要である

(4) ランダムに生成されたデータに基づいて学習する

**答え**

　教師あり学習は，入力データに対応する正解を与え，その正解に近い出力ができるように調整するため，訓練データにはラベル付けが必要です。このため，(3) が正解です。

　ラベルの付いたデータを用意すれば，ルールを用意する必要はないため (1) は誤りです。また，入力されたデータに基づいて分類や回帰のように予測するものであり，(2) のように新しいデータを生成する能力はありません。(4) のようにランダムなデータでは正解となるラベルが用意できないので誤りです。

## 2-2 脳のように信号を伝える構造で学習する ～ニューラルネットワーク

### ←ここがポイント！

●ニューラルネットワークでの学習として，ニューロンをつなぐ部分の重みを調整することを理解している
●入力と重み，バイアスからどのように出力を計算するのかを理解している

### 解説

　機械学習の手法の1つに**ニューラルネットワーク**があります。人間の脳が信号の伝達によって処理していることを模倣した手法で，後述するディープラーニングの基礎となる技術です。

　ニューラルネットワークは図2-4のように○をつなげて構成されています。この○の部分を「ニューロン」といい，それぞれのニューロンからの結果を他のニューロンに送信します。

　このニューラルネットワークは入力されたデータを受け取る「入力層」，情報が出力される「出力層」の他，その中間にある「中間層（隠れ層）」といった複数の層にあるニューロンがつながっています。中間層は1層とは限らず，複数の層が使われることが多く，入力されたデータに対して様々な計算を行います。

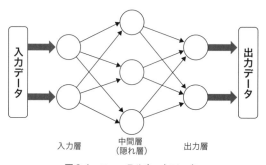

図2-4　ニューラルネットワーク

　それぞれのニューロンをつなぐ部分には**重み**が設定されており，その重みの大きさがニューロン間における影響の大きさを決定します。この重みを調整することでニューラルネットワークの学習が進み，欲しい結果が得られるようになります。

　ただし，多くの場合，入力データだけから出力が決まるわけではありません。例えば，私たちが食事をするときを考えると，「おいしい」と感じるのは料理の味だけではあり

ません。その場所の雰囲気や体調，気分などによっても変わるでしょう。

　このような「ずれ」を調整するために，ニューラルネットワークでは入力データ以外に「バイアス」というパラメーターが使われます。つまり，調味料の量のように入力として与えられるデータだけでなく，それ以外の値も組み合わせて「おいしい」という出力を計算します。

**例題**

　次の図のようなニューロンに，入力値 $x_1, x_2$ が与えられ，それぞれに重み $w_1, w_2$ が設定されていたとします。バイアスが $b$ のとき，出力 $y$ は $y = w_1 x_1 + w_2 x_2 + b$ で計算されるものとします。

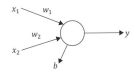

　$x_1 = 1, x_2 = -1, w_1 = 0.4, w_2 = 0.1, b = 0.3$ のとき，出力 $y$ の値を計算してください。

**答え**

　出力 $y$ は $y = w_1 x_1 + w_2 x_2 + b$ で計算されるので，この式に代入して，

$$y = 0.4 \times 1 + 0.1 \times (-1) + 0.3 = 0.6$$

# 関数でニューラルネットワークを考える ～活性化関数，損失関数

- 活性化関数のシグモイド関数やReLU関数などの特徴を理解している
- 損失関数が持つ意味と，その目的を理解している

## 解説

前項で，ニューラルネットワークでは，それぞれのニューロンへの入力と重みによって，次のニューロンへの信号が決まることを解説しました。しかし，入力と重みを掛け合わせ，バイアスを追加するだけでは単純なモデルしかできません。そこで，入力と重みにバイアスを加えたものに対して，関数を適用してもう少し複雑な計算をする方法が使われます。

このような関数を**活性化関数**といい，具体的な例としてシグモイド関数やReLU関数などがあります（**図2-5**）。

シグモイド関数は，入力から計算されるものを0から1の範囲に変換する関数で，その出力は図2-5中央のように入力が大きいほど1に近く，小さいほど0に近い値を得られます。0から1の範囲が出力されるので，この値を確率として解釈できます。

ReLU関数は，図2-5右のように入力が負であれば0を，正であれば入力された値をそのまま出力します。シンプルな式であるため，高速に計算でき，勾配消失問題（章末コラムで解説）を軽減できるというメリットがあるため，よく使われています。

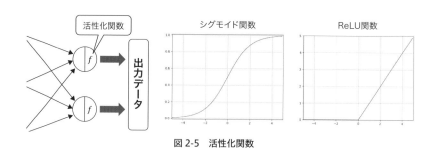

図 2-5　活性化関数

上記のような計算によって出力された予測値は，実際の値との誤差が生じます。ニューラルネットワークの学習プロセスでは，それぞれの重みを調整することにより，この誤差を最小にすることが目的となります。この誤差を関数として捉えたものが**損失関数**

**（誤差関数，コスト関数）**です。

　回帰のように値を出力し，その出力値との誤差を計算するとき，わかりやすいのが平均二乗誤差を使う方法です。それぞれの出力と実際の値との差の2乗を計算し，その合計を最小にします。例えば，出力が $z_1, z_2, z_3$ という3つのデータで，教師データが $t_1, t_2, t_3$ という3つのデータの場合，その誤差は次の式で求められます。

$$E = (z_1 - t_1)^2 + (z_2 - t_2)^2 + (z_3 - t_3)^2$$

　つまり，一般に $n$ 個のデータが出力され，それぞれに教師データが用意されている場合，次のような式で求められます[※1]。

$$E = \sum_{i=1}^{n} (z_i - t_i)^2$$

　これを様々な入力データに対して計算し，この式を最小にするような重みを見つければ，モデルが出来上がります。

---

**例題**

　活性化関数として使われるReLU関数を表す式として適切なものはどれでしょうか。なお，$\max(a, b)$ は $a$ と $b$ の大きい方を返します。

（1）$y = \max(x, x)$　（2）$y = \max(0, 1)$　（3）$y = \max(0, x)$　（4）$y = \max(x, y)$

---

**答え**

　図2-5 のようにReLU関数は，$x$ が負の数のときは0，$x$ が正の数のときは $x$ を返す関数です。つまり，0と $x$ の大きい方を求める関数だといえます。このため，（3）$y = \max(0, x)$ が正解です。

---

※1　微分したときの計算を簡単にするため，$\frac{1}{2}$ 倍したものを使うことが多いです。

- 損失関数を最小化するために使われる勾配降下法の考え方を理解している
- ニューラルネットワークで使われる確率的勾配降下法の考え方を把握している

## 解説

前項で説明した損失関数が最小になる場所を探すとき、単純な2次関数であれば、第1章で解説したようにグラフの軸や $x$ の範囲を決めれば、最小となる $x$ の値を求められそうです。

しかし、ニューラルネットワークで使われる誤差関数は、そんなに単純な形ではありません。変数の数が多く、最小値を1つだけ持つとは限りません。また、膨大なデータが入力され、それぞれに対して計算して処理するため、全体の最適解を一度に求めるのではなく、小さなサイズで反復的に最適化を進める方法が採用されます。

このため、現在の地点の傾きを求め、坂（勾配）を下る方向に少しずつ進める操作を繰り返す方法が使われます。これを**勾配降下法**といいます（**図2-6**）。最も急な方向に降下することから、最急降下法とも呼ばれます。

なお、ニューラルネットワークの学習では、これをベースにした「確率的勾配降下法」がよく使われます。

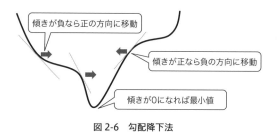

図 2-6 勾配降下法

**例題**

次の図は，3次元空間において，ある目的関数の $z$ 軸の値を $xy$ 平面に投影したものです。

```
5 -- 6 -- 3 -- 0 -- 1
|    |    |    |    |
7 -- 9 -- 8 -- 5 -- 2
|    |    |    |    |
8 -- 6 -- 7 -- 4 -- 3
|    |    |    |    |
6 -- 9 -- 8 -- 6 -- 5
```

ランダムに選んだ図の太字の「8」の座標からスタートし，「上，下，左，右」の4方向のみに移動できるものとして，勾配降下法を用いて最小値に到達するための経路を答えてください。

**答え**

勾配降下法では傾斜（勾配）が最も大きな向きに対して，坂を下る方向に移動することで最小値を求めます。つまり，上記の図において，できるだけ小さい数値に向かって進むことを考えます。すると，次の図の矢印の向きに移動し，最小値である「0」に到達します。

```
5 -- 6 -- 3 -- 0 ← 1
|    |    |    |    ↑
7 -- 9 -- 8 -- 5 -- 2
|    |    |    |    ↑
8 -- 6 -- 7 -- 4 → 3
|    |    |    ↑    |
6 -- 9 -- 8 → 6 -- 5
```

## 2-5　作成したモデルを評価する〜混同行列

- モデルを評価するために使われる混同行列のつくり方を把握している
- 正解率や適合率，再現率，F値などの計算方法を理解している

### 解説

　作成したモデルを評価するには，そのモデルからどれだけ正確な結果が得られたかを確認する「指標」が必要です。

　指標を説明するために，ここで，スパムメールの分類（迷惑メールかどうか）のような「分類問題」を考えます。分類問題において，モデルを評価するために集計したものとして**混同行列**があります。実際の分類を「行」，予測した分類を「列」にとり，それぞれ集計してマスに値を入れることで，分類されたメールの数を確認できます。例えば，次のような表で表現されます。

| | | 予測した分類 | |
|---|---|---|---|
| | | 迷惑メール | 通常のメール |
| 実際の分類 | 迷惑メール | 20 | 5 |
| | 通常のメール | 15 | 60 |

　モデルを評価するには，そのモデルが分類する問題に応じた様々な評価指標が使われています。上記の表のデータでは，次のような式で計算できます。

#### 正解率（Accuracy）

　実際の分類と予測が一致したものの割合を求めたもの。

$$\frac{20 + 60}{20 + 5 + 15 + 60} = \frac{80}{100}$$

#### 適合率（Precision）

　迷惑メールだと予測したものの中で，実際に迷惑メールだった割合を求めたもの。

$$\frac{20}{20 + 15} = \frac{20}{35}$$

#### 再現率（真陽性率）（Recall）

　実際の迷惑メールのうち，迷惑メールだと予測した割合。

$$\frac{20}{20 + 5} = \frac{20}{25}$$

## F値（F1 スコア）

適合率と再現率はトレードオフの関係にある（一方が大きくなるともう一方が小さくなる）ため，適合率と再現率の調和平均を計算したもの（2つの指標のバランスをとったもの）。

$$\frac{2 \times 適合率 \times 再現率}{適合率 + 再現率} = \frac{2 \times \frac{20}{35} \times \frac{20}{25}}{\frac{20}{35} + \frac{20}{25}} = \frac{2}{3}$$

スパムメールをフィルタリングする場合は，正常なメールが迷惑メールだと判定されるとメールを見落とす可能性があります。つまり，偽陽性になると影響が大きくなるため，適合率が重視されます。

一方で，病気を診断するような場合には，病気を見落としてしまうと問題です。つまり，偽陰性になると問題になるため，再現率（真陽性率）が重視されます。

### 例題

病院で検査したデータを集計したところ，次の表が得られました。再現率（真陽性率）を求めてください。

| | | 検査結果 | |
|---|---|---|---|
| | | 陽性 | 陰性 |
| 罹患状況 | 罹患者 | 64 | 12 |
| | 非罹患者 | 16 | 8 |

### 答え

再現率は罹患者のうち陽性だった割合で求められるので，$\frac{64}{64+12} = \frac{64}{76} = 0.842\cdots$ となります。

## 2-6 画像処理などに有効な手法 ～深層学習と畳み込みニューラルネットワーク（CNN）

### 解説

　ニューラルネットワークでは，入力層で入力された値からそれぞれの階層での重みを掛け合わせながら出力を計算しました。そして，その出力と教師データから重みを調整することで学習します。このとき，出力層での誤差をもとに，出力層から入力層に向けて逆方向に重みを調整していきます。

　このように重みを調整する手法を**誤差逆伝播**といい，**バックプロパゲーション**とも呼ばれます（**図2-7**）。

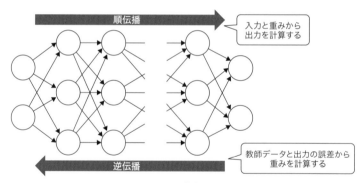

図 2-7　誤差逆伝播

　ニューラルネットワークの階層を深くしたものは**深層学習（ディープラーニング）**と呼ばれます。階層を深くすると，重みやバイアスなどのパラメーターの数も増加するため，大量のデータをもとに学習することで様々なデータに対応することが期待できます。

　結果として，深層学習を使うことで，様々な分野で人間を超える精度を得られるようになりました。囲碁や将棋では人間より強くなり，監視カメラのような画像認識などでも人間を超える精度を得られるようになりました。他にも，自然言語処理や音声認識，自動運転など，これまではコンピューターで扱うことが難しかった複雑な問題でも，十

分に実用的な成果が得られています。

　一方で，深層学習には大量のデータと計算リソースを必要とします。また，そのパラメーターを見ても人間が意味を理解することが難しく，どのようにして予測が導かれたのかを解釈できないという課題もあります。しかし，様々な研究により，これらの課題に対する解決策もいくつか提案されています。

　深層学習でよく使われているのが画像処理です。画像データをニューラルネットワークに入れるとき，それぞれのピクセルをそのまま入力層に入れることが考えられます（**図2-8**）。

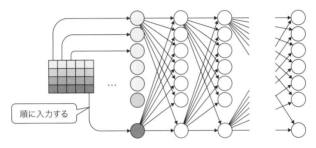

図 2-8　画像をそのまま入力

　しかし，画像においてはそれぞれのピクセルは単独で存在しているのではなく，隣り合うピクセルに何らかの関係があることが多いものです。また，同じ画像でも位置がずれると，ピクセル単位では全く異なる画像として認識されてしまいます。

　そこで，深層学習において，特に画像認識などに効果的な手法として**畳み込みニューラルネットワーク**（**CNN**; Convolutional Neural Networks）があります。これは，画像の表現に適した構造をニューラルネットワークで構成することで，人間の視覚などに近い処理ができるといわれています。

　CNN は通常，次のような層で構成されています。

**畳み込み層**

　画像の特徴を抽出する層です。直線や曲線など，画像の特徴を捉えるためにフィルター（カーネル）と掛け合わせて特徴マップと呼ばれるデータを計算します。例えば，画像の各ピクセルの値（モノクロ画像での濃さなど）に，次のようなフィルターを適用するときは，**図2-9** のようにフィルターを1つずつずらしながら掛け合わせて計算します。

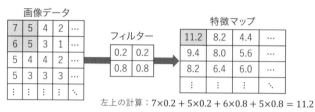

左上の計算：7×0.2 + 5×0.2 + 6×0.8 + 5×0.8 = 11.2

図 2-9　畳み込みの計算

なお，フィルターをずらしていくときの移動距離をストライドといいます。

**プーリング層**

　画像の位置ずれなどに対応するため，入力された画像を小さく分割し，その領域における代表値を求める方法として**プーリング**があります。近隣のピクセルの最大値を取る方法を最大プーリング，平均を求める方法を平均プーリングなどといいます。

　例えば，画像を2×2の領域に分割して最大プーリングを使用すると，**図2-10**のような2つの画像データがあったとき，近い値が得られていることがわかります。

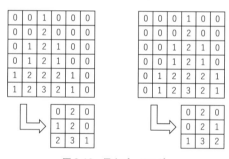

図 2-10　最大プーリング

　これらの層によって画像の特徴を抽出したものを入力として，一般的なニューラルネットワークを経由して出力を得ることで，複雑な画像のパターンも効果的に学習できます。

---

**例題**

　上記の**図2-10**の画像データに対し，平均プーリングを使用した結果を求めてください。

　画像を分割し，それぞれの領域における平均を求めると，次のような結果が得られます。

| 0 | 0.75 | 0 |
|---|---|---|
| 0.5 | 1.5 | 0 |
| 1.5 | 2.25 | 0.5 |

| 0 | 0.75 | 0 |
|---|---|---|
| 0 | 1.5 | 0.5 |
| 0.5 | 2.25 | 1.5 |

## 2-7 複数の変数間の関係を表現する ～相関係数，回帰分析（回帰直線）

### ここがポイント！

- 複数の変数間の関係を表現する散布図や相関関係について理解している
- 直線的な関係で予測する回帰分析の式の求め方を把握している

### 解説

「身長が高いと体重も重い」「標高が上がると気温が下がる」といった変数間の関係性を表現するとき，一般的には**図2-11**のような**散布図**を使います。

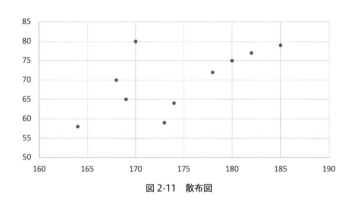

図 2-11　散布図

　ここで，一方が増えるともう一方が増える，といった関係性を**相関関係**といいます。また，相関関係の強さを表す値として，**相関係数**があります。この相関係数は−1から1の範囲で，値が−1や1に近いほど直線的な相関が強く，0に近いほど相関が弱いことがいえます。この相関係数と分布には，**図2-12**のような関係があることがわかります。

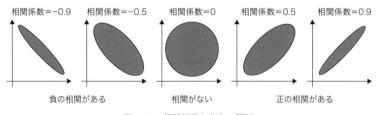

図 2-12　相関係数と分布の関係

　ある程度の相関があると，新たなデータが与えられたときの予測に使うことができそうです。このときに使われる方法として**回帰分析**があります。例えば，$X$ という変数から $Y$ という変数を予測するとき，直線で予測すると，その直線の式は次のようになります。

$$Y = aX + b$$

　この $a$ を傾き，$b$ を切片といい，それぞれのデータとの距離を最小にするように $a$ と $b$ を定めると，新しいデータの $X$ 座標をこの式に代入することにより，$Y$ 座標を予測できます。

### 例題

次のデータが与えられたとき，回帰直線の式を求めてください。

| データ番号 | 1 | 2 | 3 | 4 | 5 |
|---|---|---|---|---|---|
| $x$ | 1 | 3 | 4 | 6 | 9 |
| $y$ | 0 | 8 | 12 | 14 | 26 |

### 答え

　Excel などの表計算ソフトでは，与えられたデータから散布図を作成し，そのデータの上で右クリックし，「近似曲線を追加」→「グラフに数式を表示する」を選ぶことで直線の式を求められます。

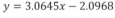

$$y = 3.0645x - 2.0968$$

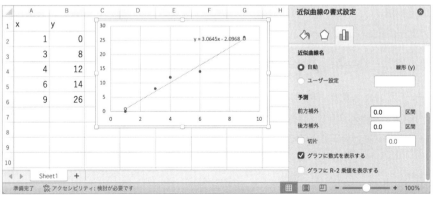

## 2-8 データをカテゴリーに分割する〜分類 (線形識別)

●分類に使われる単純な手法であるパーセプトロンの考え方を理解している
●線形識別で分類する考え方を理解している

### 解説

　機械学習などの手法を使って，入力されたデータを既知のカテゴリー（クラス）に分けることを**分類**といいます。例えば，スパムメールの分類のように，迷惑メールかどうかという2つに分ける問題を**二値分類問題**といいます。

　このような問題を解く単純な手法として**パーセプトロン**があります。例えば，次のようなニューロンの出力が正の値のときクラス A，そうでないときクラス B に分類するものとします（**図2-13**）。

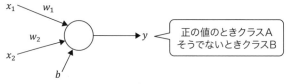

図 2-13　パーセプトロン

　**図2-13** のように，入力が $x_1, x_2$，重みが $w_1, w_2$，バイアスが $b$ のとき，出力 $y$ は次のように計算できます。

$$y = w_1 x_1 + w_2 x_2 + b$$

　そして，この $y \leq 0$ のときに 0（迷惑メールでない），$y > 0$ のときに 1（迷惑メールである）と判断するのです。これは入力が2つの場合ですが，入力が1つであれば $y = ax + b$ のような直線だと考えられ，与えられたデータが直線の上にあるか，下にあるかで分類できます。このような手法を**線形識別**といいます。

### 例題

　次の図は横軸に気温 $x$，縦軸に湿度 $y$ を取り，その日の天気（晴れが●，雨が▲）で配置したものです。それぞれの天気で分類する直線の式として最も適切なものはどれでしょうか。

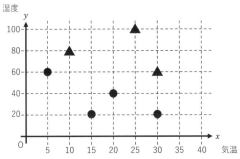

（1）$y = 4x + 20$　　（2）$y = -\dfrac{4}{3}x + 80$　　（3）$y = -6x + 100$

答え

それぞれの直線の式をグラフに表現すると，次の図のようになり，（2）が適切である
ことがわかります。

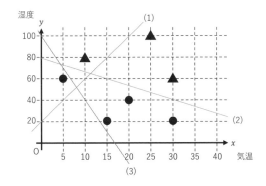

## 似たようなものを集めてグループをつくる
## ～クラスタリング

▶ **ここがポイント！**

- 階層的クラスタリングと非階層的クラスタリングの違いを理解している
- 階層的クラスタリングで作成される樹形図のメリットを把握している
- k-means法でのクラスタリングの手順を理解している

### 解説

カテゴリーが未知のデータから似たものを集め，複数のグループに分割する方法として**クラスタリング**があります。クラスタリングでは，データをグループ化するためにデータ間の類似性を使います。そのときの手法には次のようなものがあります。

### 階層的クラスタリング

バラバラなそれぞれのデータに近いものを集めて小さなクラスターとして，それを階層的に繰り返して最終的に1つのクラスターとしてまとめる方法です。その際にできる階層の図を樹形図（デンドログラム）といいます。作成した樹形図をどの高さで切るかによって，クラスターの数を変えられることが特徴です。

### 非階層的クラスタリング

事前にクラスターの数を指定し，初期値としてそれぞれのデータにクラスターを割り当てた後で調整する手法です。代表的な手法としてk-means法（k平均法）があり，それぞれのクラスターの中心を計算し，各データについて中心との距離が近いクラスターに割り当てるように更新することを繰り返し，変化しなくなるまで続けます。クラスター数を事前に指定する必要がありますが，大量データでも効率的かつ高速に処理できることが特徴です。

### 例題

次の10個の数値データを3つのクラスター A,B,C に分けることにします。k-means法の初期値として，次表のクラスターを割り当てたとき，最終的なクラスターの割り当てを答えてください。

| 1 | 3 | 4 | 7 | 9 | 11 | 14 | 15 | 18 | 21 |
|---|---|---|---|---|----|----|----|----|----|
| A | B | C | B | A | C | A | C | B | C |

**答え**

クラスターの中心として平均を計算すると、それぞれの中心は次のようになります。

$$A: \frac{1+9+14}{3} = 8、B: \frac{3+7+18}{3} = 9.333\cdots、C: \frac{4+11+15+21}{4} = 12.75$$

この中心との距離が近いもので割り当てると、それぞれのクラスターは次の表のように変わります。

| 1 | 3 | 4 | 7 | 9 | 11 | 14 | 15 | 18 | 21 |
|---|---|---|---|---|----|----|----|----|----|
| A | A | A | A | B | B  | C  | C  | C  | C  |

同様に、それぞれのクラスターの中心として平均を計算すると、次のようになります。

$$A: \frac{1+3+4+7}{4} = 3.75、B: \frac{9+11}{2} = 10、C: \frac{14+15+18+21}{4} = 17$$

この中心との距離が近いもので割り当てると、次の表のように変わります。

| 1 | 3 | 4 | 7 | 9 | 11 | 14 | 15 | 18 | 21 |
|---|---|---|---|---|----|----|----|----|----|
| A | A | A | B | B | B  | C  | C  | C  | C  |

同様に、クラスターの中心として平均を計算すると、次のようになります。

$$A: \frac{1+3+4}{3} = 2.666\cdots、B: \frac{7+9+11}{3} = 9、C: \frac{14+15+18+21}{4} = 17$$

この中心との距離が近いもので割り当てると、上の表と結果が変わらないため、ここで終了し、それぞれの割り当ては上記で確定します。

## 2-10 似ていると判断するには？～距離・相関性による類似度

→ ここがポイント！

- ユークリッド距離やマンハッタン距離の計算方法を理解している
- コサイン類似度の計算方法を理解している

### 解説

　クラスタリングなどにおいて，2つのデータが「似ている」と判断するとき，様々な基準があります。一般的には，「距離」や「角度」を使って判断する方法が使われます。

#### 距離による類似度

　わかりやすいのは2点間の距離を使う方法です。この距離には複数の考え方があります。例えば，身長と体重という2つの軸で**図2-14** のような2点のデータがあったとき，2次元の点であれば，**ユークリッド距離やマンハッタン距離**などがあります。ユークリッド距離は，平面であれば三平方の定理を使って計算できます。また，マンハッタン距離はグリッド上の移動に基づいて計算できます。

ユークリッド距離

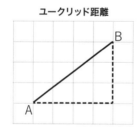

マンハッタン距離

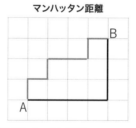

図 2-14　ユークリッド距離とマンハッタン距離

#### 角度による類似度

　角度が似ていると判断するとき，**コサイン類似度**を使う方法がよく使われます。2つの点があったとき，それぞれの点に対する原点からの角度で類似度を判定する指標です。例えば，座標平面上に $(x_1, y_1), (x_2, y_2)$ という2つの点があったとき，それぞれの点に対する原点からの角度で挟まれた角 $\theta$ のコサインは次の式で計算できます。

$$\cos \theta = \frac{x_1 y_1 + x_2 y_2}{\sqrt{x_1{}^2 + x_2{}^2} \sqrt{y_1{}^2 + y_2{}^2}}$$

　同じ向きであればこの値が1 に，逆向きであればこの値が −1 に近づくことを使い，

1に近ければ類似度が高い，－1に近ければ類似度が低いと判断します。

同様の考え方として，相関係数を使う方法があります。

**例題**

次の3人の身長と体重のデータをもとに，コサイン類似度を使って最も体形が似ている2人を選んでください。

| 名前 | Aさん | Bさん | Cさん |
|------|-------|-------|-------|
| 身長 | 180cm | 150cm | 160cm |
| 体重 | 80kg | 60kg | 50kg |

**答え**

AさんとBさんのコサイン類似度：$\frac{180\times150+80\times60}{\sqrt{180^2+80^2}\sqrt{150^2+60^2}} = 0.9992887624$

AさんとCさんのコサイン類似度：$\frac{180\times160+80\times50}{\sqrt{180^2+80^2}\sqrt{160^2+50^2}} = 0.993355775$

BさんとCさんのコサイン類似度：$\frac{150\times160+60\times50}{\sqrt{150^2+60^2}\sqrt{160^2+50^2}} = 0.996988963$

このため，AさんとBさんが最も似ていると判断できます。

## 2-11 近くにあるデータでグループをつくる～ k-NN (k近傍法)

●近くにあるデータを同じグループとする k-NN の考え方を理解している
●調べる点の数を意味する k によって結果が変わることを理解している

### 解説

多くのデータが与えられたとき，それをグループに分けることを考えます。このとき，直感的には近くにあるデータと同じグループにしたいものです。そこで，新しいデータが与えられたとき，その近く（近傍）のデータを見て，どのグループに属するかを判断する手法として「k-NN（k近傍法）」があります。これは，与えられたデータの近くにある $k$ 個のデータがどのグループに属しているかを調べ，そのデータから多数決で判断します。例えば，「$k = 3$」だとすると，与えられたデータから近い3つのデータを調べます。もし2つがグループ A，1つがグループ B であれば，この新しいデータはグループ A だと判断できます。

ここで，データの近さの基準として，前項で解説したユークリッド距離やマンハッタン距離などがよく使われます。これにより，多くの次元を持つデータでも，同じように処理できます。

図2-15のような9個のデータがあったとします。それぞれの座標に描かれている記号が同じであれば，同じグループに属しているとします。

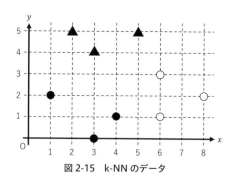

図 2-15　k-NN のデータ

ここで，新たなデータとして $(x, y) = (2, 3)$ が与えられ，k-NN において $k = 3$ を用いるとき，分類されるグループを考えます。新たなデータとのユークリッド距離を調べると，次の表のようになります。

| No | 1 | 2 | 3 | 4 | 5 | 6 | 7 | 8 | 9 |
|---|---|---|---|---|---|---|---|---|---|
| $x$ | 1 | 2 | 3 | 3 | 4 | 5 | 6 | 6 | 8 |
| $y$ | 2 | 5 | 0 | 4 | 1 | 5 | 1 | 3 | 2 |
| 距離 | $\sqrt{2}=$ 1.4⋯ | 2 | $\sqrt{10}=$ 3.1⋯ | $\sqrt{2}=$ 1.4⋯ | $2\sqrt{2}=$ 2.8⋯ | $\sqrt{13}=$ 3.6⋯ | $2\sqrt{5}=$ 4.4⋯ | 4 | $\sqrt{37}=$ 6.0⋯ |
| 分類 | ● | ▲ | ● | ▲ | ● | ▲ | ○ | ○ | ○ |

$k=3$ なので近いものはNo1,2,4 であり，●が1個，▲が2個なので，新たなデータは▲に分類できます。

k-NN の仕組みはシンプルですが，適切な k の選択や，特徴のスケーリング（すべての特徴が等しく評価されるようにするための調整）などの工夫が求められます。また，データ量が多いと計算量が多くなるため，その対策も必要です。

**例題**

図2-15 の9個のデータがあり，新たなデータとして $(x,y)=(2,3)$ が与えられ，k-NN において $k=5$ を用いるとき，分類される記号を答えてください。

**答え**

新たなデータからの距離は上記の表を利用でき，$k=5$ なので近いものはNo1, 2, 3, 4, 5 です。●が3個，▲が2個なので，新たなデータは●に分類できます。

## 2-12 特定の訓練データに特化することを防ぐ ～過学習と交差検証

● 過学習が発生する理由を理解している

● 交差検証や正則化などの手法を理解している

### ▌解説

機械学習では，訓練データを使って学習し，高い精度で答えが得られるようにします。このとき，特定の訓練データに対して深く学習してしまうと，そのデータに対しては高い正解率が得られたとしても，他のデータに対してはあまり良い正解率が得られない場合があります。

このように特定のデータに特化して学習をし過ぎた状態を**過学習**といいます（図2-16）。訓練データに含まれるノイズなども含めて学習してしまっている状態だと考えられ，その背景には，データに対してモデルが複雑過ぎることや，訓練データの数が少な過ぎることが考えられます。

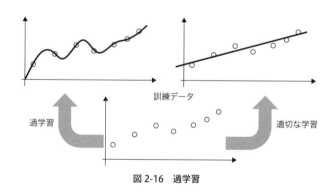

図2-16　過学習

過学習を防ぐために，用意されたデータをいくつかのグループに分け，その中から一部を訓練データ，残りを検証データとして使って評価する方法があります。例えば，与えられたデータを4つのグループに分け，3つを訓練データ，1つを検証データとして評価します。そして，そのデータを入れ替えて試す方法を**交差検証**といいます（図2-17）。

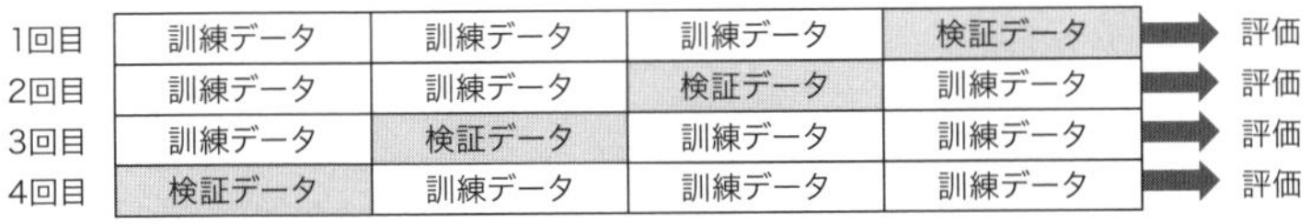

| 1回目 | 訓練データ | 訓練データ | 訓練データ | 検証データ | ➡ 評価 |
|---|---|---|---|---|---|
| 2回目 | 訓練データ | 訓練データ | 検証データ | 訓練データ | ➡ 評価 |
| 3回目 | 訓練データ | 検証データ | 訓練データ | 訓練データ | ➡ 評価 |
| 4回目 | 検証データ | 訓練データ | 訓練データ | 訓練データ | ➡ 評価 |

図2-17 交差検証

　これにより，特定のデータに特化してしまう可能性を減らすことにつながります。ここでは訓練データと検証データに分けましたが，訓練データと検証データ，テストデータに分けて，検証データを「ハイパーパラメーター」と呼ばれるパラメーターの調整に使い，テストデータでモデルの汎用性を評価するような使い方をすることもあります。

　また，モデルが複雑になり過ぎるのを制限するための手法は，**正則化**と呼ばれています。

　なお，過学習の反対は「未学習」といい，訓練データでもあまり良い結果が得られないことを指します。

**例題**

　過学習について説明した文として正しいものはどれでしょうか。

(1) モデルが訓練データに対して高い精度を持つが，新規データに対しては低い精度を持つ状態
(2) 訓練データとテストデータの両方に対して低い精度を持つ状態
(3) モデルが途中で訓練を止める現象
(4) モデルが新規データに対して高い精度を持つが，訓練データに対しては低い精度を持つ状態

**答え**

　訓練データに特化して学習しているため，(1) が正解です。

情報をできるだけ失わないように項目を減らす
〜次元削減，主成分分析

### ここがポイント！

- 次元削減の考え方を理解している
- 主成分分析での解釈方法について理解している

### 解説

　野球選手の成績であれば打率や本塁打数，打点などがあるように，複数の項目から構成されるデータは多いものです。この項目の数が多いと，データの特徴を可視化するのは難しく，計算にもコストがかかります。身長と体重という複数の項目だと肥満を把握するのは難しいものですが，「BMI」という1つの指標に変換することで，わかりやすく表現できます。このように，データの項目数（次元）を減らすことを**次元削減**や**次元圧縮**といいます。例えば，2次元の平面で，**図2-18**のようなデータがあったとします。これを1次元で表現することを考えたとき，どのような軸を使うとできるだけ多くの情報を残せるかを考えます。

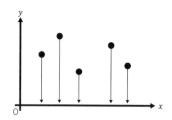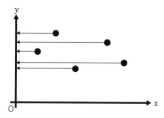

図2-18　情報を残せる軸を考える

　**図2-18**は$x$軸と$y$軸にそれぞれ射影していますが，左のx軸の方がデータ間の差異を大きく表現できています。$x$軸や$y$軸以外にも，様々な角度で軸を取ることで，もとのデータ間の差異をできるだけ表現することを考えると，「（データの散らばり度合いを示す）分散が最大となる軸」を選ぶと良さそうです。

　このように，分散が最大となる軸を使って次元を削減する方法の1つとして**主成分分析**（PCA）があります。主成分分析では，複数の次元があるデータから，第1主成分，第2主成分…というように複数の主成分と呼ばれる軸を選ぶことで，次元を減らしています。このとき，第1主成分と第2主成分は直交します（**図2-19**）。

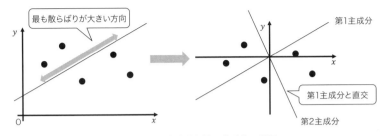

図2-19 第1主成分と第2主成分の選択

　なお，主成分分析で選ばれた軸が何を表しているのかは，見る人が考察しなければなりません。

**例題**

　表の成績データを主成分分析すると，第1主成分の値が次の式で求められることがわかったとします。この第1主成分の不偏分散と不偏標準偏差を計算してください。不偏分散とは，イントロダクションで触れた「少ない標本データから母集団全体の特徴を推測する」代表値になります。不偏分散は，第1章の分散（標本分散ともいう）の式の分母を n-1 にすることで計算できます。不偏標準偏差は，不偏分散の正の平方根で求められます。

$$z = -0.85x - 0.5y$$

| 生徒 | A | B | C | D | E |
|---|---|---|---|---|---|
| 数学（$x$） | 60 | 80 | 90 | 40 | 30 |
| 英語（$y$） | 70 | 90 | 80 | 50 | 60 |

**答え**

　それぞれの第1主成分の値は $-86, -113, -116.5, -59, -55.5$ なので，不偏分散は $829.625$，不偏標準偏差は $28.8\cdots$ です。

# 私たちが使う言葉をコンピューターに理解させる 〜自然言語処理

- 自然言語処理で解決できる問題について理解している
- 古典的な指標であるTF-IDFについて計算できる
- 最近のトレンドについて理解している

## 解説

　私たちが日常的に使用する日本語や英語のような言語を**自然言語**といい，この自然言語をコンピューターが理解したり，生成したりする能力を開発することを**自然言語処理**（Natural Language Processing，NLP）といいます。

　この技術が使われる例として，以下のようなものがあります。

### テキスト分類

　文書や文章を定められたカテゴリーに分類すること。例えば，スパムフィルター（迷惑メールかどうかを判別する），感情分析（ポジティブな文章かネガティブな文章かを判定する）といったことが挙げられます。

　テキスト分類の古典的な指標として**TF-IDF**があり，文書内に登場する単語の重要度（重み）を求めます。TF（Term Frequency）は文書内での単語の出現頻度を意味し，IDF（Inverse Document Frequency）は逆文書頻度とも呼ばれ，全文書の中での単語の希少性を意味します。いずれも大きいと重要で，小さいとあまり重要ではないと判断できます。

$$\mathrm{TF}(t, d) = \frac{\text{文書 d における単語 t の出現回数}}{\text{文書 d の全単語数}}$$

$$\mathrm{IDF}(t) = \log\frac{\text{全文書数}}{\text{単語 t が含まれる文書数}}$$

　この2つを掛け算して**TF-IDF**を計算します。なお，分母が0になることを防ぐため，IDFを求めるときの分母に1を加算することもあります。

### 情報抽出

　テキストから特定の情報を抽出すること。日本語など空白で単語が区切られていない言語では，文章から単語の品詞などを解析する**形態素解析**などの手法がよく使われます。これを使って文章中の単語を文法的に抽出し，固有名詞や日付，場所などの情報を識別する方法が使われることもあります。

## 機械翻訳

　ある自然言語の文章を他の自然言語へ翻訳すること。Google翻訳などが挙げられます。機械翻訳を実現するときには，統計的な手法（大量の対訳データからパターンを学習する手法）の他，ニューラルネットワークを使って改善する方法（日本語→英語に翻訳したものをさらに日本語に翻訳し，もとの文章と比較しながら改善するなどの手法）があります。

## 要約生成

　長い文章から，その主張などのポイントを抽出し，短い要約として文章を生成すること。これも統計的な手法の他，ニューラルネットワークを使う方法もあります。具体的には，上記のTF-IDFなどを用いて，文章に登場するフレーズなどに重要度のスコアを割り振る方法の他，Googleなどの検索エンジンに用いられるPageRankのような手法があります。また，テキストをベクトルとして表現するWord2Vecなどの手法により，要約となる文章を生成する手法があります。

## 質問応答

　人間からの質問に自動的に応答したりすること。質問の意味を理解し，それに対して適切な回答を返す必要があります。最近ではチャットのようにコンピューターと対話するアプリも登場し，Webサイトでの問い合わせシステムを（自動応答に）置き換えるなど，大きな進歩を遂げています。TransformerやBERT，GPTなど深層学習を使ったLLM（大規模言語モデル）などの技術も進歩しており，精度が飛躍的に向上しています。

---

**例題**

　次の文書セットが与えられたとき，「people」と「right」という単語のTF-IDFを各文書について計算してください。

- 文書A："government of the people, by the people, for the people"
- 文書B："right people in the right place at the right time"
- 文書C："the alternative orientations of right and left"

---

**答え**

　まずは，それぞれの文書について文書に含まれる単語数と，「people」と「right」という単語の出現回数を調べます。

|  | 文書A | 文書B | 文書C |
|---|---|---|---|
| 文書に含まれる単語数 | 10 | 10 | 7 |
| people という単語の出現回数 | 3 | 1 | 0 |
| right という単語の出現回数 | 0 | 3 | 1 |

　全部で3つの文書があり，「people」「right」という単語が含まれる文書はいずれも2つです。つまり，IDF はいずれも $\log\frac{3}{2} = 0.176\cdots$ です。これらの情報をもとに，それぞれの文書について，TF を計算し，TF-IDF スコアを求めます。

|  | 文書A | 文書B | 文書C |
|---|---|---|---|
| people のTF | $\frac{3}{10} = 0.3$ | $\frac{1}{10} = 0.1$ | $\frac{0}{7} = 0$ |
| people のTF-IDF | $0.3 \times 0.176$ $= 0.0528$ | $0.1 \times 0.176$ $= 0.0176$ | $0 \times 0.176 = 0$ |
| right のTF | $\frac{0}{10} = 0$ | $\frac{3}{10} = 0.3$ | $\frac{1}{7} = 0.1428\cdots$ |
| right のTF-IDF | $0 \times 0.176 = 0$ | $0.3 \times 0.176$ $= 0.0528$ | $0.1428\cdots \times 0.176$ $= 0.0251428\cdots$ |

## 勾配消失問題とは

ニューラルネットワークの学習では、誤差逆伝播（バックプロパゲーション）を使って出力層から入力層へと逆向きに計算し、パラメーターである重みを更新することを解説しました。

この逆向きに計算するときには、損失関数（予測値と実際の値との誤差を関数として捉えたもの）の値が最小になるように重みを調整します。このとき、（関数の最小値の当たりをつけるために）損失関数の傾き（勾配）を使って調整しますが、その傾きが小さいと、調整する値も小さくなります。そして、ニューラルネットワークの階層が深くなると、その調整する値は指数関数的に小さくなります。

このように、逆伝播時に損失関数の傾きが極端に小さくなることにより、パラメーターの更新が十分に行われず、学習が進行しなくなる（時間がかかったり、良い解が得られなかったりする）現象を**勾配消失問題**といいます。

特に、活性化関数が使われている場合、その誤差を逆に戻すときには、活性化関数の傾きが重要になります。例えば、シグモイド関数を使うと、その傾きは最大で0.25 です（**図2-20**）。

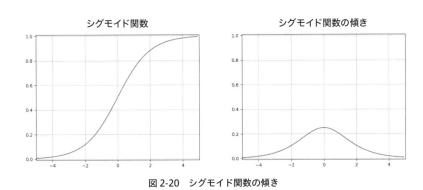

図 2-20　シグモイド関数の傾き

つまり、シグモイド関数などの活性化関数を使ったニューラルネットワークではこの問題が顕著に現れます。そこで、この勾配消失問題を軽減する方法の1

つとして，傾きが大きな活性化関数を使う方法が考えられます。

それが本文内でも解説したReLU関数です（**図2-21**）。これは，負の入力に対しては0を，正の入力に対してはそのままの値を出力する関数でした。つまり，正の値が入力されたときの勾配は常に1であるため，勾配消失問題を緩和できます。

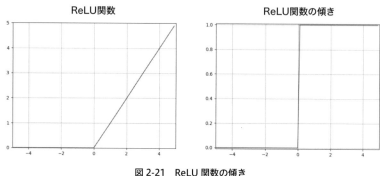

**図 2-21　ReLU 関数の傾き**

　もちろん，勾配消失問題は活性化関数の問題だけではありません。重みの初期値を適切に設定しておくことで，この問題を軽減できることが知られており，「He初期化」や「Xavier初期化」などの手法が使われます。

　また，入力データを正規化することで学習が進みやすくなることから，途中の層で入出力を正規化する「バッチ正規化」と呼ばれる手法が使われることもあります。さらに，層を飛び越えて接続する「残差ネットワーク（ResNet）」と呼ばれる構造が使われることもあります。逆に，勾配が大きな値をとることによって発散してしまうことを「勾配爆発問題」と呼ぶこともあります。

　このように，様々な方法を使って，勾配消失問題や勾配爆発問題を軽減することで，現在のニューラルネットワークやディープラーニングは深い階層でも効率よく重みを調整できています。

第 3 章

# アルゴリズム関連
～アルゴリズム・プログラミングに必要な数学リテラシー～

**イントロダクション**

　第1章のイントロダクションで紹介した「数理・データサイエンス・AI教育プログラム」における応用基礎では，「アルゴリズム基礎」や「データエンジニアリング基礎」というカリキュラムがありました。

　本章は，前者の「アルゴリズム」について取り上げます。

　ちなみに，後者の「データエンジニアリング」では，データの管理や処理，設計・開発など，IT関連全般の知識が求められます。

　「データの管理」については，データベースに関する知識として「SQL」を理解しておくことが必須ですし，データの形式や内容を整理する「前処理」のスキルも求められます。大量のデータを使って分析するときには，負荷がかからないように分散して「処理」する方法などの知識も求められます。

　「設計・開発」においては，分析に必要なプログラミング言語の知識が必須です。具体的には，PythonやR言語などが多く使われていますし，Excelなどの表計算ソフトを使っている場合には，VBAなどを使うこともあります。

　ここで登場した「プログラミング」において，「アルゴリズム」が使われるのです。「アルゴリズム」は，プログラムの心臓部であり，プログラムの目的の達成に必要な計算手順を指します。プログラミングは工学と思われるかもしれませんが，そこで使われるアルゴリズムは数学です。

　なお，本書で扱っている「データサイエンス数学ストラテジスト」の「データサイエンス」に似た言葉として，「コンピューターサイエンス」や「インフォメーションサイエンス」があります。それぞれ「計算機科学」や「情報科学」と訳され，大学では理学部などに設置されていることが多いです。一方で，「情報工学」と呼ばれる分野もあり，こちらは工学部などに設置されていることが多いです。プログラミングを学ぶために，大学の工学部の情報工学科などを選んだ学生も多いでしょう。

　よく「理学部は数学や物理学など基礎的な理論を学び，工学部はその理論に基づいて応用・実践的なものづくりを学ぶ」と言われることがありますが，これらの境界は曖昧です。プログラミングというと工学を想像する人が多いものですが，プログラミングに関連する技術の中でも特に数学的な理論に近いのが「アルゴリズム」です。

　データサイエンスによって目的（何を達成するのか）を決め，アルゴリズムによってその具体的な実現方法（どう達成するのか）を示します。これら2つを組み合わせることで，大量のデータの中から有用な情報を見つけ出し，新たな知識や予測を得ることが可能となります。

言い換えると，データは大量の情報があふれた「海」であり，データサイエンスはその海から「宝石」（価値ある洞察）を見つけ出す技術です。そして，アルゴリズムはその宝石を探すための具体的な手段，つまり「金属探知機」のようなものだと考えられます。

　このため，データサイエンスを学ぶときは，アルゴリズムを理解することが必要不可欠です。先人が提案したアルゴリズムを学び，効率よく処理する手法を考えていきましょう！

# コンピューターで効率よく処理する 〜アルゴリズムとプログラム，計算量

- アルゴリズムとプログラミングの違いを理解している
- アルゴリズムを比較するときの計算量の考え方を理解している
- 計算量の増え方の特徴を理解している

## 解説

　与えられた問題に対し，正しい答えを得るための手順を**アルゴリズム**といいます。あくまでも「手順」でありコンピューターを使うかどうかは関係ありませんが，多くの場合はコンピューターで処理することを想定しています。

　コンピューターで処理するには，コンピューターが理解できる言語で指示する必要があります。このような言語は「機械語」と呼ばれ，0と1だけで表現されるので，人間が理解するのは大変です。そこで，一般的には「プログラミング言語」と呼ばれる言語の文法に沿ってソースコードを記述します。このプログラミング言語には様々な種類があり，代表的なものとしてC言語やJava，JavaScript，Python，Ruby，PHPなどがあります。

　これらのプログラミング言語で書いたソースコードを機械語に変換したものを**プログラム**といいます。このソースコードを書き，プログラムに変換するなどの作業の全体をプログラミングといいます（**図3-1**）。

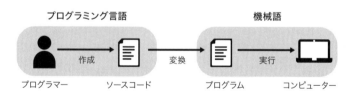

プログラミング言語　　　　　　　　　　　機械語

プログラマー　　作成　ソースコード　変換　プログラム　実行　コンピューター

**図3-1　プログラミング**

　アルゴリズムは手順なので，日本語のような自然言語で書いても構いませんし，後述するフローチャートのような表記法を使っても構いません。アルゴリズムはプログラミング言語に依存しませんが，一般的にはコンピューターで実行するプログラムを考えると，ソースコードとして作成することが多いものです。

　ある問題を解くアルゴリズムは複数考えられますが，「効率よく」問題を解けるアルゴリズムが良いと考えられます。ここで，「効率よく」という言葉には様々な視点が考

えられ，CPUの処理時間やメモリーの使用量などが挙げられます。

　つまり，処理時間が短いものだけでなく，記憶容量を消費しないものも良いアルゴリズムだと考えられます。このとき，ハードウエアが違うと処理時間やメモリー使用量が変わることもありますが，それはアルゴリズムの比較として適切ではありません。

　そこで，アルゴリズムを比較するときの考え方として**計算量**があります。この計算量には，**時間計算量**と**空間計算量**があります。

### 時間計算量

　アルゴリズムが問題を解くときに必要なステップの数（計算の数）がどのくらいのペースで増えるのかを示す指標です。例えば，「データ数に比例したペースで増えるのか」「データ数の2乗に比例して増えるのか」といった違いによって，入力されたデータ数が増えたときの処理にかかる時間が大きく変わります。

　ただし，定数倍程度の増え方の違いであれば，CPUを高速なものに変更するだけで大きな問題にならないこともあります。そこで，定数倍程度は無視した概算を考えます。入力のサイズが増えたときに，処理にかかる時間が増えるペースの概算を $O(n)$ や $O(n^2)$ のように書きます。これを「Big O記法」といい，$O(n)$ であれば入力のデータ数 $n$ に比例して処理時間が増加することを，$O(n^2)$ であれば入力のデータ数 $n$ の2乗に比例して処理時間が増加することを意味します。

### 空間計算量

　アルゴリズムが問題を解くときに必要なメモリー空間の量の増え方を示す指標です。これには，入力データの保持に必要なスペースだけでなく，計算中に一時的に保持する必要があるデータや情報の保存場所も含まれます。例えば，素数を求めるようなアルゴリズムを考えるとき，その数が他の数で割り切れるかを順に調べる方法が有名です。ただし，数が大きくなると，割り切れるかを調べる数も増えるため，処理に時間がかかります。

　そこで，素数の一覧を事前にある程度用意しておくと，用意されているものを返すだけなので高速に処理できます。しかし，素数の一覧を数多く用意すると，それだけメモリーや記憶容量を消費するため，必要なメモリー空間の量の増え方を意識する必要があります。

　なお，アルゴリズムを考えるときには，そのデータがどのように保管されているかによって，使えるアルゴリズムが変わってきます。例えば，目次や索引が用意されている本を読む場合と，用意されていない本を読む場合では，どこに何が書かれているかを探

す方法は変わってきます。

　これはコンピューターで処理する場合も同様で、どのようにデータが保管されているかもアルゴリズムを考える上では重要です。このようなプログラム内でのデータの保管方法をデータ構造といい、代表的な**データ構造**として、配列やリスト、スタック、キュー、ツリーなどがあります（**図3-2**）。

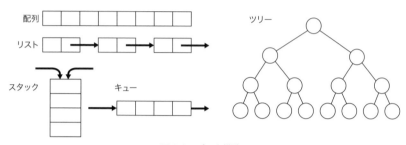

図 3-2　データ構造

例題

　次の4つの計算量のアルゴリズムがあったとき、データ量 $n$ が増えたときの処理時間が少ない方から順に並べたとき、適切なものはどれでしょうか。

（ア）$O(n)$　（イ）$O(n^2)$　（ウ）$O(n \log n)$　（エ）$O(\log n)$

(1)　（ア）＜（イ）＜（ウ）＜（エ）

(2)　（エ）＜（ウ）＜（イ）＜（ア）

(3)　（エ）＜（ア）＜（ウ）＜（イ）

(4)　（ア）＜（エ）＜（ウ）＜（イ）

答え

　それぞれのグラフを描くと、図のようになります。このため、データ量が増えたときの処理時間は一般に $O(\log n) < O(n) < O(n \log n) < O(n^2)$ の順となり、正解は (3) です。

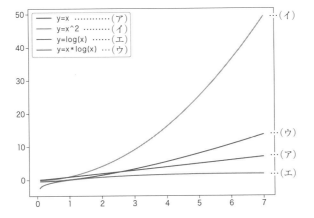

## 3-2 欲しいデータを見つける〜探索アルゴリズム

**ここがポイント！**

●線形探索や二分探索などのアルゴリズムを理解している
●二分探索での比較回数がどのように増えるのかを理解している

### 解説

　教科書などでよく取り上げられるアルゴリズムとして**探索**があります。探索は，多くのデータの中から特定の値を検索する手順について考えるものです。例えば，書籍の中から特定のキーワードを探したいとき，前から順番に探すのでなく，巻末にある索引を使う人は多いでしょう。索引から探すには，索引を事前に作成しておかなければなりません。このとき，索引に登録されていない言葉を探すのは大変です。

　一般的に使われる探索手法として**線形探索**（リニアサーチ）があります（**図3-3**）。これは，データを前から順に1つずつ調べて，目的の値を見つけ出す方法です。書籍から言葉を探す例であれば，前から順番に1文字ずつ調べていく考え方です。

**図 3-3　線形探索**

　このアルゴリズムはシンプルで，特別な準備が必要ありません。探索するプログラムを作成するときも，プログラミング言語での実装も容易なためよく使われますが，データ量が多いとそれだけ探索に時間がかかります。例えば，1000件のデータが存在すれば，最悪の場合は1000回の比較が必要です。

　一方，辞書から目的の単語を探すように，五十音順やアルファベット順でデータが並んでいるときは，目的の単語を探すときに前から順番には探しません。あるページを開いて，その前か後ろかを考えて絞り込む方法がよく使われます。

　このように，データが並べ替えられて格納されているときに効率よく探索できるアルゴリズムとして**二分探索**（バイナリサーチ）があります（**図3-4**）。最初は中央の値と比較して，目的のデータが全体の左半分にあるのか右半分にあるのかを調べます。これにより，探索するデータの数が半分になります。目的のデータが見つかるまで，このような分割を繰り返すことで，効率よく探索できます。例えば，1000件のデータが存在し

ても，最大約10回の比較で見つけられます。

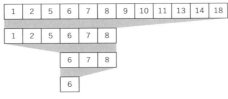

図 3-4　二分探索

**例題**

　1億件のデータが昇順に並んでいるものとします。この中から目的のデータを二分探索で調べるとき，比較回数として最も近いものはどれでしょうか。

（1）30回　（2）1000回　（3）300万回　（4）1億回

**答え**

　1回の比較によって探索する範囲はほぼ半分になるため，8件のデータであれば 8→4→2→1 と3回の比較で求められます。つまり，$n$ 件のデータがあれば，$\log_2 n + 1$ 回程度の比較で十分です。

　このため，1億件のデータであれば，$\log_2 10^8 + 1$ 程度です。$\log_2 10^8 = 26.575\cdots$ であるため，$27 \sim 28$ 回程度の比較で求められることがわかり，（1）が正解です。

## 3-3　データを並べ替える～ソートアルゴリズム

**ここがポイント！**

- データを並べ替えるアルゴリズムには様々な種類があることを理解している
- データの特徴に応じて最適なアルゴリズムは異なることを理解している

### 解説

　二分探索のような効率よい探索を実現するには，データを事前に並べ替えなければなりません。この並べ替えに膨大な時間がかかるのであれば，二分探索のような手法は使えません。そこで，データを効率よく並べ替えるためのアルゴリズムが必要です。こういった並べ替えを**ソート**といい，数値や文字列を昇順や降順で並べ替えます。

　ここでは，**図3-5**のように昇順に（小さい方から大きい方に）並べ替えるアルゴリズムについて考えます。

図3-5　ソート

### バブルソート

　隣り合う2つの要素を比較し，大小の順序が違うときは交換する操作を繰り返す方法です。比較して交換することを左から順に右端まで繰り返すと，最大の要素が右端に移動します。再度，左から順に右端以外の要素について繰り返すと，2番目に大きな要素が右端から2番目に移動します。これを繰り返すと，すべての要素が昇順に並びます。前から順に交換するだけなのでシンプルですが，その時間計算量は$O(n^2)$であり，大量のデータでは非効率的です。

### 選択ソート

　ソートされていない部分から最小の要素を探し出し，正しい位置と交換する方法です。1回目は最小の要素を左端と交換し，2回目は2番目に小さい要素を左から2番目と交換する，という操作を繰り返します（**図3-6**）。

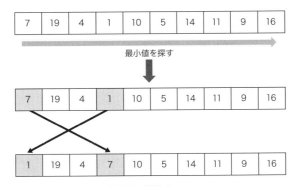

図 3-6 選択ソート

　これも時間計算量は $O(n^2)$ となりますが，昇順に並んでいるデータでは移動する回数が少なく，効率よく処理できることが特徴です。

**挿入ソート**

　ソートされていない項目をソート済みの要素の間に挿入する方法です。部分的にソートされている状況では効率的で，最良の場合では $O(n)$ で処理できますが，最悪の場合では $O(n^2)$ です。

**クイックソート**

　ピボットと呼ばれる基準値を決め，それより小さい要素を左に，大きい要素は右に移動させ，左右それぞれについて同じ操作を繰り返すことで並べ替える方法です。うまく分割できると，分割するたびに約半分になることにより，平均的には $O(n \log n)$ で処理できます（**図3-7**）。

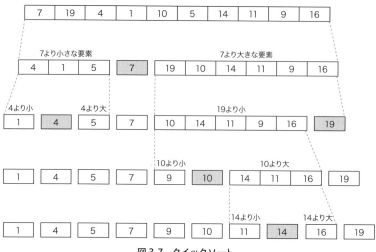

図 3-7　クイックソート

## マージソート

　ソートしたいデータをバラバラの要素と捉え，このデータをマージ（統合）するとき
に小さい順に並べることを繰り返すことで並べ替える方法です。2つのデータを統合す
る処理は先頭から繰り返すだけなので $O(n)$ で処理でき，これを統合することを繰り返
す段数を考えると，全体では $O(n \log n)$ で処理できます（**図3-8**）。

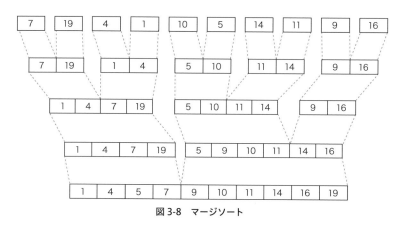

図 3-8　マージソート

　なお，クイックソートもマージソートもいずれも計算量は $O(n \log n)$ ですが，実用
上のデータでは一般にクイックソートの方が高速に処理できることが知られています。

また，ソート済みのデータでは挿入ソートが効率的ですし，データ量が少ない場合はバブルソートなどシンプルな実装でも十分です。その他，ヒープソートなど様々なソート方法がありますので，興味がある方はぜひ調べてみてください。

**例題**

次のデータをバブルソートで昇順に並べ替えるとき，データを交換する操作が行われる回数を求めてください。

7, 2, 5, 9, 6, 1, 8

**答え**

バブルソートでは，隣り合う要素を比較して，左の方が大きければ交換することを繰り返します。今回のデータでは，図のように大小を比較したとき，10回の交換が発生します。

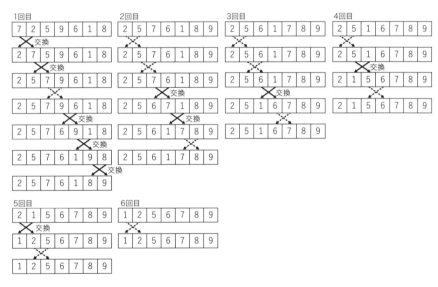

● 暗号化と復号の役割を理解している
● 共通鍵暗号と公開鍵暗号の違いを理解している

## 解説

　ネットワークなどを経由して情報をやり取りするとき，その途中で誰かに盗み見されたり，改ざんされたりすると困ります。そこで，他の人が見ても中身がわからないように変換して送信します。

　このように，第三者にはわからないように変換することを**暗号化**といい，これをもとに戻すことを**復号**といいます。そして，暗号化した文章を**暗号文**，暗号化されていない文章を**平文**といいます。

　現代の暗号化に使われるアルゴリズムは，大きく「共通鍵暗号」と「公開鍵暗号」に分類されます。

### 共通鍵暗号

　暗号化と復号の両方に同じ鍵を使う手法です。つまり，送信者と受信者の双方が同じ鍵を持っていなければなりません。この鍵を安全に共有する必要がありますが，鍵を共有できれば高速に処理できることが特徴です。共通鍵暗号の代表的な手法として「DES（Data Encryption Standard）」や「AES（Advanced Encryption Standard）」などがあります。

### 公開鍵暗号

　暗号化と復号に異なる鍵を使う手法です。この鍵はペアになっており，鍵の所有者だけが知る**秘密鍵**と，第三者に公開できる**公開鍵**の2種類が用いられます。公開鍵で暗号化されたメッセージは，対応する秘密鍵を持つ人だけが復号できるため，受信者が公開鍵を公開し，送信者がその公開鍵で暗号化して送信すれば，受信者は自身が持つ秘密鍵で復号できるため，鍵を事前に共有する必要はありません。

　公開鍵暗号の代表的な手法としてRSA暗号や楕円曲線暗号があります。RSA暗号は，Rivest，Shamir，Adleman という3人によって開発された公開鍵暗号で，その名前の頭文字から名付けられています。RSA暗号は現在も多くのシステムで使われています。

現代では，公開鍵暗号を使って共通鍵暗号の鍵をやり取りし，共通鍵暗号でデータを暗号化するなどの「ハイブリッド暗号」が多く使われています。

**例題**

古典的な暗号アルゴリズムとして「シーザー暗号」があります。例えば，アルファベットで3文字後ろにずらすと，「A」は「D」に，「B」は「E」になります。これを使うと，「MATH」という単語から「PDWK」という暗号文をつくれます。戻すときは3文字前にずらすだけです。

これを応用したものとして「ROT13」というアルゴリズムがあります。これは，13文字ずらしたもので，アルファベットは26文字なので2回ずらすと元に戻るという特徴を使ったものです。ROT13で暗号化された次の暗号文を，復号してください。

QNGN FPVRAPR

**答え**

ROT13での対応表を考えると，次のようになります。

| A | B | C | D | E | F | G | H | I | J | K | L | M |
|---|---|---|---|---|---|---|---|---|---|---|---|---|
| ↑↓ | ↑↓ | ↑↓ | ↑↓ | ↑↓ | ↑↓ | ↑↓ | ↑↓ | ↑↓ | ↑↓ | ↑↓ | ↑↓ | ↑↓ |
| N | O | P | Q | R | S | T | U | V | W | X | Y | Z |

これに当てはめると，「DATA SCIENCE」が得られます。

### ここがポイント！

● プログラミング的思考の考え方を理解している
● 手続き型やオブジェクト指向，関数型という手法の違いを理解している

### 解説

コンピューターでプログラムを実行するとき，基本的にはソースコードに書かれている内容を前から順番に処理します。このため，手順や内容を間違えてソースコードを記述すると，正しい結果が得られません。つまり，コンピューターで処理をするには，その手順を具体的に洗い出して整理し，正しい順番に処理されるようにソースコードを記述する必要があります。このため，問題を解決するために必要な手順を理解し，組み合わせるような考え方が求められています。

このような考え方を指す言葉として，最近では小学校でのプログラミング教育でも**プログラミング的思考**という言葉が使われています。プログラミング言語で実装することを指すものではなく，論理的な考え方を育てることが目的の1つとされています。

プログラムをつくるときには，論理的に考えるだけではなく，「効率的かどうか」ということも重要です。また，仕様変更などがあった場合に備えて，保守性なども意識する必要があります。

複雑なプログラムになると，同じ処理を何度も繰り返したり，複数のプログラムから同じ処理を実行したりします。このため，大きなプログラムを小さなプログラムに分割し，それぞれを独立して管理する方法も使われます。

これらを実現するために，手続型プログラミングやオブジェクト指向プログラミング，関数型プログラミングなど，様々な手法が考えられています。特に基本的な考え方が「手続き型」と呼ばれる手法です。

手続き型では，コンピューターが実行する手順に沿って処理が並べられるため，その動作をイメージしやすいことが特徴です。効率よく処理することを考えながら，必要な処理を漏れなく並べることが求められます。

### 例題

プログラミング的思考では論理的かつ効率的に考えることを紹介しました。これを体験するとき，パズルを解く方法が有効です。ここでは，1から9までの数が1つずつ入り，縦・横，2つの対角線の合計がいずれも等しくなる3×3の魔方陣を考えます。次の魔

方陣を完成させたとき，(a) に入る数は何でしょうか。

| 4 |  | 8 |
|---|---|---|
| (a) | 5 |  |
|  |  |  |

　空いているマスに順に数を入れて，成り立つかどうかを確認する方法もありますが，すべてのパターンを調べるのは大変です。そこで，どういった手順で求めるのが効率的かを考えます。例えば，魔方陣では「縦・横，2つの対角線の合計がいずれも等しくなる」という条件があります。横方向の和がいずれも同じなので，すべてを足すと1から9までの和と等しくなります。

合計はいずれも同じ値
↑ 3 つの合計はすべてのマスの和と同じ

　1から9までの数が1つずつ入るので，1つの行や列での和は $\frac{1+2+\cdots+9}{3} = 15$ です。これを使うと，1行目の中央は「$15-4-8=3$」と求められますし，左下は「$15-8-5=2$」と求められます。つまり，(a) に入るのは「$15-4-2=9$」で，できる魔方陣は次のようになります。

| 4 | 3 | 8 |
|---|---|---|
| 9 | 5 | 1 |
| 2 | 7 | 6 |

# 3-6 処理の流れを可視化する～フローチャート

**ここがポイント！**

- フローチャートで使われる代表的な記号について理解している
- プログラミングにおけるテストの網羅性についてフローチャートでの考え方を理解している

## 解説

コンピューターで実行するプログラムはプログラミング言語と呼ばれる特殊な言語で記述されているため，プログラミングについての専門的な知識がないと，その処理内容を理解するのは難しいものです。

そこで，プログラミングについての知識がない人でもわかりやすいように，プログラム内での処理の実行手順や，業務の流れを可視化するときに便利な表現方法として**フローチャート（流れ図）**があります。処理の順番や前提条件が直感的に理解できる表記法で，JIS にて標準化されています。

フローチャートで使われるすべての要素を覚える必要はありませんが，**図3-9** に挙げる主な要素を把握しておくだけでも，多くのプログラムにおける処理の流れを把握できます。

| 意味 | 記号 | 詳細 |
|---|---|---|
| 開始・終了 | 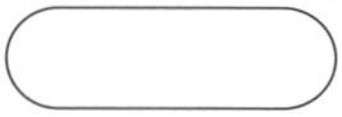 | フローチャートの開始と終了 |
| 処理 | 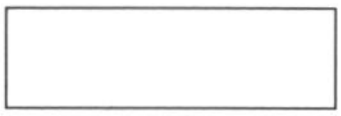 | 処理の内容 |
| 条件分岐 | 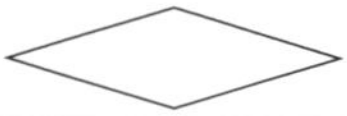 | 条件による振り分け |
| 繰り返し | 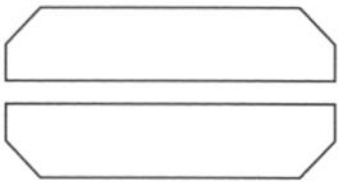 | 指定した処理の繰り返し<br>（開始と終了で挟んで使う） |
| キー入力 | 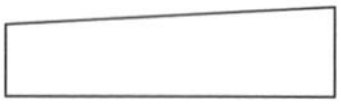 | 利用者によるキーボードでの入力 |
| 定義済み処理 | 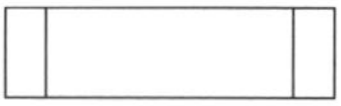 | 別のフローチャートで定義されている処理 |

図 3-9　フローチャートで使われる代表的な記号

例えば，入力した数が素数かどうかを判定するプログラムのフローチャートとして，図3-10のようなものがあります。素数判定には効率のよいアルゴリズムもありますが，ここではシンプルに，その数までに割り切れる数があるかを判定するアルゴリズムで作成しています。

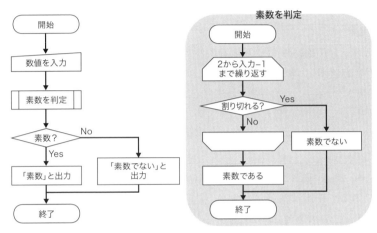

**図3-10　素数判定のフローチャート**

　これを見ると，プログラミング言語についての知識がなくても，このプログラムが処理している中身をある程度は把握できるでしょう。処理の中身をプログラマーに伝えたいときにも，このようなフローチャートを作成しておけば意図を正確に伝えられるかもしれません。

　しかし，現実のプログラミングの工程において，フローチャートを作成してからソースコードを作成することはほとんどありません。プログラマーはフローチャートを描かなくても，ソースコードを作成できるため，開発の工程では作成しないものです。ソフトウエアの納品時などに求められれば作成することはありますが，あまり使われなくなってきているといえるかもしれません。

　それでもフローチャートの考え方が役立つ例として，プログラミングにおける「テスト」と呼ばれる工程があります。ソースコードが問題なく実装されているかを確認するために実施される工程で，要件定義や設計の工程で決められた通りにプログラムが作成されているかを確認するものです。

　フローチャートは，処理の流れを把握するだけでなく，テストにおける網羅性の把握に有効です。例えば，用意したテストデータでどのくらいのパターンを網羅できている

のかを確認するときは，「命令網羅率」や「分岐網羅率」，「条件網羅率」といった指標が
よく使われます。

## 命令網羅率

C0 カバレッジとも呼ばれ，それぞれの命令文が少なくとも1回は実行されているか
を調べます。

## 分岐網羅率

C1 カバレッジとも呼ばれ，それぞれの条件分岐における判定条件の真偽が少なくと
も1回は実行されているかを調べます。

## 条件網羅率

C2 カバレッジとも呼ばれ，それぞれの条件分岐における判定条件が少なくとも1回
は実行されているかを調べます。

　ある条件分岐での判定条件として複数の条件が記述されていた場合，分岐網羅では
1つとみなして真偽を確認しますが，条件網羅では別々の条件として考えます。

　例えば，「3の倍数と3のつく数字のときに○○する」といった処理を考えると，
「3の倍数である」または「3のつく数字である」という条件で分岐します。このとき，
分岐網羅率では判定条件の真偽が両方とも存在すればよいため，「2」と「3」などの2つ
のデータで十分です（この条件で「2」は「偽」であり，「3」は「真」である）。

　一方，条件網羅率では「2」「6」「13」「30」など2つの条件のそれぞれについてチェッ
クできるデータを用意します。

　なお，これらの指標はフローチャートを描かなくてもテストツールを使って計測でき
ますが，そのテストケースを把握するにはフローチャートを使うとわかりやすく表現で
きます。

---

**例題**

　次のフローチャートにおいて，命令網羅率（C0 カバレッジ）が100%となる最小のテ
ストケース数を求めてください。

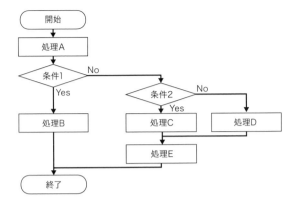

答え

次のデータがあれば，すべての処理を実行できるため，テストケース数は「3」です。

| No | 条件1 | 条件2 | 処理A | 処理B | 処理C | 処理D | 処理E |
|----|------|------|------|------|------|------|------|
| 1 | Yes | Yes | ○ | ○ | × | × | × |
| 2 | No | Yes | ○ | × | ○ | × | ○ |
| 3 | No | No | ○ | × | × | ○ | ○ |

コンピューターで数値を扱う～ 2進数と16進数

- 10進数と2進数，16進数の違いについて理解している
- 2進数や16進数との変換ができる

## 解説

　数を表現するとき，私たちは0から9までの10種類の数を使う**10進数**を使うことが多いです。これは，0→1→2→…のように順に数を増やしていき，「9」の次は「10」，「99」の次は「100」のように桁を増やす表現方法です。

　一方，コンピューターの世界では，**2進数**や**16進数**といった表現がよく使われます。「0」「1」の2種類の数字を用いて数を表現する方法が2進数で，0から9までの数字と，A（10），B（11），C（12），D（13），E（14），F（15）という文字の16種類を組み合わせて数を表現する方法が16進数です。コンピューターは，電圧の高い・低い，電流の有無といった電子的な状態で動作するため，2種類の値で表現する2進数が便利なのです。なお16進数は，2進数で表現するより桁数を少なくできるため，メモリーの番地やカラーコードなど大きな値を表現するときによく使われます。

　この「10」「2」「16」といった，位取りの基準となる数を「基数」といいます。10進数では，それぞれの桁を1の位（$10^0$），10の位（$10^1$），100の位（$10^2$），というように，10の累乗の値が桁として使われます。そして，「358」という値であれば，「$3 \times 10^2 + 5 \times 10^1 + 8 \times 10^0$」を意味します。同じように考えると，2進数での「101」という値は，「$1 \times 2^2 + 0 \times 2^1 + 1 \times 2^0$」であり，10進数では「4+0+1」で5だとわかります。同様に，16進数での「2B5」という値は，「$2 \times 16^2 + B \times 16^1 + 5 \times 16^0$」であり，10進数では「512+176+5」で693だとわかります。

　10進数から2進数に変換するときは，10進数の値を2で割って，その「あまり」を求めることを繰り返します。そして，そのあまりを逆に並べると求められます。例えば，上記の「358」を2進数に変換するときは，**図3-11**のように「101100110」と変換できます。

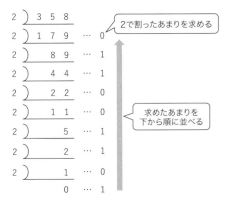

図 3-11　10 進数から 2 進数への変換

2進数から16進数への変換は，2進数の4桁が16進数の1桁に対応するため，2進数の値を4桁ずつ取り出し，それを16進数に変換するだけです。例えば，2進数の「11001101」であれば，4桁ずつ区切ると「1100」「1101」となります。そして，これをそれぞれ10進数で考えると「12」と「13」であり，16進数で考えると，「C」と「D」なので，2進数の「11001101」は16進数では「CD」です。

**例題**

10進数の「123456」は6桁ですが，これを2進数で表すと「11110001001000000」という17桁，16進数では「1E240」という5桁になります。この数を8進数で表したときの桁数として正しいものはどれでしょうか。

(1) 6桁　(2) 7桁　(3) 8桁　(4) 9桁

**答え**

2進数を16進数に変換するときは4桁ずつ区切りますが，2進数を8進数に変換するときは3桁ずつ区切ります。つまり，問題文中の2進数を3桁ずつ区切って，8進数に変換すると「361100」という6桁の数になり，(1)が正解です。

コンピューターで扱う情報の単位〜ビット，バイト

●ビットとバイトの計算方法について理解している
●データの保存，通信などにおける計算方法について理解している

### 解説

　コンピューターではデータを2進数で保存しますが，このときの1桁分を「ビット (bit)」という単位で表します。つまり，0または1のいずれかの値を持ち，これが情報の最小単位となります。

　1ビットでは2通りの値を表現できるため，2ビットでは4通り，3ビットでは8通りの値を表現できます。しかし，まとまった量のデータを表す単位としてビットだけでは不便なため，1つの塊として8ビットの情報を表す単位が使われます。これが「バイト (byte)」で，「B」という記号で表現します。1バイトでは8ビットの情報を扱えるため，256通りの値を表現できます（**図3-12**）。

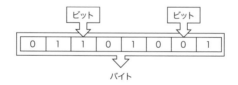

図 3-12　ビットとバイト

　例えば，文字を表すときには，それぞれの文字に「文字コード」と呼ばれる数値を割り当てています。アルファベットなどの表現に使われるASCIIという文字コードでは，2進数の「01000001」に「A」，「01000010」に「B」という文字を割り当てています。このような数値で保管し，対応する文字を表示しているのです。

　アルファベットは大文字と小文字で52文字，それに数字やちょっとした記号を加えても1バイトあれば十分です。このため，ASCIIでは1バイトで1文字を表現し，これは1バイト文字と呼ばれています。

　また，データ量が大きくなって巨大な数字になることを防ぐため，「キロ（K）」や「メガ（M）」「ギガ（G）」「テラ（T）」といった接頭辞を使います。

　1KBは1024Bを，1MBは1024KBを，1GBは1024MBを，1TBは1024GBを意味します。1024は$2^{10}$であり，コンピューターではわかりやすい一方で，人間にとっ

ては1000の方が扱いやすいため，最近では1000Bを1KBと表し，1024Bのときは1KiB（キビバイト）のように表現することもあります。

データを保存するとき以外にも，通信速度を表記するときにも「ビット」という単位を使い，1秒当たりの通信量を「bps（bit per second）」で表現します。つまり，通信速度が1bpsであれば1秒当たりに1ビットを通信できます。

そして，多くのデータを通信するときには「Kbps」「Mbps」「Gbps」のように表現します。このときは1024を使うのではなく1000を使い，1Kbpsは1000bps，1Mbpsは1000Kbpsを意味します。つまり，1Mbpsでは1秒間に1,000,000ビットの情報を伝送できることを意味します。

**例題**

20MBのデータを512Kbpsの通信回線で送信するとき，その通信にかかる時間に最も近い値はどれでしょうか。

（1）40秒　（2）80秒　（3）160秒　（4）320秒

**答え**

まず，データと転送速度の単位を同じものにそろえます。

1バイトは8ビットなので，20MBは20×1024×1024×8ビットです。同様に，通信回線の速度について考えると，1Kbpsは1000bpsなので，512Kbpsは512×1000bpsです。

したがって，20MBのデータを512Kbpsの通信回線で送信するには，

$\frac{20×1024×1024×8}{512×1000} = 327.68$ となり，約328秒かかることがわかり（4）が正解です。

- 標本化による抽出の役割を理解している
- 量子化による精度への影響を理解している
- 符号化の役割を理解している

## 解説

　会話などの音声や印刷された写真などのアナログなデータをデジタルデータに変換するときは,「標本化」「量子化」「符号化」という3つの処理が行われます(**図3-13**)。

### 標本化

　印刷された写真のような画像からその色の階調をデジタルなデータとして抽出したり, 音声の大きさなどを一定の間隔で抽出したりする処理を指します。サンプリングとも呼ばれ, 細かく分けることで連続的な情報から離散的なデータが得られます。

　この処理は, 分けるときの間隔が重要です。例えば音声であれば1秒間にどれだけ音を抽出するかを表す指標として標本化(サンプリング)周波数(単位はHz)があり, サンプリングレートと呼ばれます。音声であれば, 標本化周波数が高いほど音質が良くなります。

### 量子化

　標本化によって取得した値を, いくつの段階で表現するかを決める処理を指します。例えば音声の振幅が一定の範囲にある場合, それをどれだけ細かく分けるかが精度に影響します。画像であれば色の濃淡, 音声であれば音の大小や音程などが該当します。

### 符号化

　量子化によって得られた値を0と1のビット列に変換する処理を指します。例えば, 符号長が固定の場合は固定長符号化, 可変の場合は可変長符号化といいます。

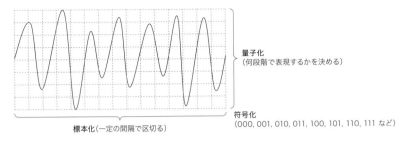

量子化
(何段階で表現するかを決める)

符号化
(000, 001, 010, 011, 100, 101, 110, 111 など)

標本化(一定の間隔で区切る)

**図 3-13　標本化，量子化，符号化**

---

**例題**

　電話は，サンプリング周波数が8kHz，量子化ビット数が8ビットです。この設定で10分間の通話を録音した場合，保存される音声データの容量として最も近い値はどれでしょうか。ただし，1KB=1024バイト，1MB=1024KBとします。

(1) 0.8MB　(2) 1.6MB　(3) 4.6MB　(4) 6.4MB

**答え**

　音声データの容量は，次の式で計算できます。

$$容量(bytes) = \frac{サンプリング周波数(Hz) \times 時間(秒) \times 量子化ビット数(ビット)}{8(ビット／バイト)}$$

　サンプリング周波数は8kHz（8000Hz），サンプリング時間10分を秒として表現すると600秒，量子化ビット数が8ビットなので，これらの値を上記の式に代入します。

$$容量(bytes) = \frac{8000 \times 600 \times 8}{8} = 4800000$$

　これをMBで表現すると，容量(MB) $= \frac{\frac{4800000}{1024}}{1024} =$ 約 4.58MBとなり，(3) が正解です。

## 通信時や保存時のエラーを訂正する
## 〜データ誤りの検出・訂正

**ここがポイント！**

● エラーの有無を検出するアルゴリズムの概要を把握している

● エラーを訂正できるアルゴリズムの概要を把握している

### 解説

　離れた場所にいる人とデータをやり取りする（通信する）ときには，ノイズ（雑音など）によって一部のデータが正しく伝わらない可能性があります。また，ハードディスクなどの記憶装置にデータを保存しているときも，磁力や物理的な損傷などによって一部のデータが失われる可能性があります。こういったエラーの有無を検出し，可能であれば訂正するアルゴリズムがいくつか考案されています。

#### パリティチェック

　エラーの有無を検証するための追加情報として，1ビット分をデータに追加する方法で，追加するビットを「パリティビット」といいます。これは，データを2進数で表したときに「1」の数が偶数なのか奇数なのかを表す値で，これを付加しておくことで，どこか1ビットにエラーがあったことを検出できます（**図3-14**）。

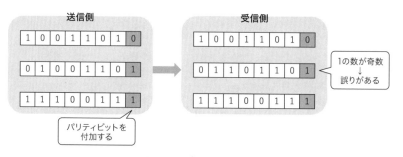

図 3-14　パリティビット

#### チェックサム

　データをいくつかに区切って，それぞれの値の合計を追加する方法です。例えば，「10110010」と「11001101」というデータがあったとき，**図3-15**のように値を合計して送信側でチェックサムを計算します。受信側でもチェックサムを計算し，この合計が一致しないと，どこかにエラーがあることを検出できます。

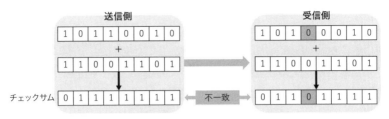

図3-15　チェックサム

## チェックデジット

　各桁に対して決められた値を掛け合わせて，チェック用の数字や記号を付加する方法です（**図3-16**）。例えば，マイナンバーや法人番号ではチェックデジットが付加されており，法人番号では次のようにチェックデジットを計算できます。

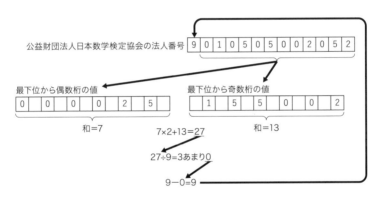

図3-16　チェックデジットの計算

## ハミング符号

　与えられたデータにおいて，特定の位置にチェック用のビットを追加することで，エラー訂正と検出の両方を実現する方法です。例えば，$x_1\,x_2\,x_3\,x_4$ という4ビットのデータであれば，次のように計算した $c_1\,c_2\,c_3$ という3ビットの符号を付加します。

$$c_1 = x_1 + x_2 + x_3 \ (\mathrm{mod}\,2)$$
$$c_2 = x_1 + x_2 + x_4 \ (\mathrm{mod}\,2)$$
$$c_3 = x_1 + x_3 + x_4 \ (\mathrm{mod}\,2)$$

　ここで，mod 2 は2で割ったあまりのことで，3つ足した数が奇数の場合は1に，偶数の場合は0になります。これにより，1カ所で誤りが発生した場合，誤りがあること

だけでなく，誤りが発生した位置がわかり，訂正できることが知られています。

例えば，「1011」というデータを送信したいときを考えると，追加する符号は次のようになります。

$$c_1 = 1 + 0 + 1 \,(\mathrm{mod}\,2) = 0$$
$$c_2 = 1 + 0 + 1 \,(\mathrm{mod}\,2) = 0$$
$$c_3 = 1 + 1 + 1 \,(\mathrm{mod}\,2) = 1$$

このため，送信するデータは「1011001」となります。受信したデータが「1010001」だとすると，追加する符号の部分の計算は次のようになり，受信したデータとは $c_2$ と $c_3$ が一致しません。

$$c_1 = 1 + 0 + 1 \,(\mathrm{mod}\,2) = 0$$
$$c_2 = 1 + 0 + 0 \,(\mathrm{mod}\,2) = 1$$
$$c_3 = 1 + 1 + 0 \,(\mathrm{mod}\,2) = 0$$

このことから，$x_4$ に誤りが起きていることがわかり，この誤りを訂正できます。

なお，4ビットに3ビットを付加するのは効率が悪いですが，11ビットでは4ビットを付加して15ビットに，26ビットに5ビットを付加して31ビットにしたものなど，桁数が増えるとチェック用のビットの割合は少なくなり，効率がよくなります。

この他にも，サイクリック冗長検査（CRC）やリード・ソロモン符号といった手法があり，様々な業務で用いられています。また，データが改ざんされたかどうかを調べるためには，「ハッシュ」と呼ばれる一方向関数の仕組みが使われることもあります。

**例題**

書籍にはISBNというコードが付与されています。例えば，『データサイエンス数学ストラテジスト［中級］公式問題集』のISBNは「978429610988_」です。ISBNが次の式で計算できるとき，この最後の「_」に入るチェックデジットを答えてください。

［ISBNの計算式］
（1）左から奇数番目の桁の数を合計する
（2）左から偶数番目の桁の数を合計し，3倍する
（3）（1）と（2）の和の下1桁を10から引く

| 答え |
| --- |

　問題文にある［ISBN の計算式］に沿って計算します。与えられた数の左から奇数番目の桁の数を合計すると，$9+8+2+6+0+8=33$ となります。

　次に，左から偶数番目の桁の数を合計すると，$7+4+9+1+9+8=38$ となります。これを3倍して，足し算すると，$33 + 38 \times 3 = 147$ です。

　この下1桁である「7」を10から引くと，3となりますので，「3」が正解です。

## 3-11 大きなデータを小さくする～データの圧縮

### ここがポイント！

- 可逆圧縮と非可逆圧縮の違いを理解している
- 代表的な圧縮方法としてランレングス符号やハフマン符号の仕組みを理解している

### 解説

データをコンピューターで扱うとき，圧縮することでハードディスクなどの使用量を減らすことができます。そして，通信においても，転送時間を短縮できたり，回線の使用量を減らせたりします。データの圧縮には大きく分けて可逆圧縮と非可逆圧縮（不可逆圧縮）の2つがあります。

### 可逆圧縮

圧縮したデータを，完全に元通りに戻せる圧縮方式です。テキストファイルやプログラムの圧縮，一部の画像や音声ファイルなどに使用されています。

### 非可逆圧縮

圧縮するときに質が落ちることをある程度許容し，高い圧縮率を実現する圧縮方式です。完全には元通りに戻せませんが，人間の視覚や聴覚にとってはそれほど重要ではない部分を除去することで，圧縮後の容量を削減しています。

なお，可逆圧縮を実現する代表的な手法として，ランレングス符号とハフマン符号があります。

### ランレングス符号

同じ値が連続して出現する部分を，その値と長さで置き換える方法で，白黒画像などでは効果的です。例えば，「白白白白白黒黒黒白白白白黒黒」というデータであれば「白6黒3白4黒2」のように表現すれば文字数を減らせます。

### ハフマン符号

データの中で頻繁に出現する文字列に短い符号を，あまり出現しない文字列には長い符号を割り当てる手法です。それぞれの文字の出現回数から出現確率を計算し，その出現確率が低いものから順にまとめることを繰り返して（二分木をつくることで）符号を割り当てます。

**例題**

次の文字列をハフマン符号で圧縮したときの符号の割り当てを求めてください。

AABACBBADABACAABDAACCABA

**答え**

文字の出現確率を調べると，次の表が得られます。

| 文字 | A | B | C | D |
|------|---|---|---|---|
| 出現回数 | 12 | 6 | 4 | 2 |
| 出現確率 | 0.5 | 0.25 | 0.167… | 0.0833… |

これをもとに，出現確率が低い2つのグループ（C と D）から順に1つにまとめること
を繰り返して二分木をつくると，次のような割り当てが考えられます。

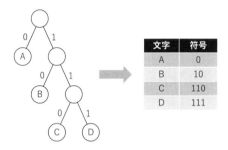

| 文字 | 符号 |
|------|------|
| A | 0 |
| B | 10 |
| C | 110 |
| D | 111 |

コンピューターで電卓を実現する～逆ポーランド記法

●逆ポーランド記法の表現方法を理解している
●スタックを使った計算の手順について理解している

## ▌解説

　数式の表現や評価方法の1つとして逆ポーランド記法があります。一般的な数式では「1＋2×3」のように，数字の間に演算子を書きますが，逆ポーランド記法では「123×＋」のように，数字の後に演算子を書きます。このことから「後置記法」とも呼ばれます。この後置記法のメリットとして，括弧などで優先順位を変えることなく，前から順に処理できることから，コンピューターでの計算において効率よく処理できることが挙げられます。

　この表記法に基づいて処理するとき，「スタック」と呼ばれるデータ構造を使います。このスタックはデータを積み重ねる構造で，「先入れ後出し」（FILO）という特徴があります。つまり，先に入れたものを後から取り出します。

　上述の「123×＋」を処理する場面を考えると，数値が登場するたびに，その数値をスタックに積み重ねます。これを「プッシュ」といいます。そして，演算子が登場するたびに，その処理に必要な数だけスタックから取り出します。これを「ポップ」といいます。そして，演算結果をスタックにプッシュします。入力をすべて処理すると，スタックに結果だけが残ります（**図3-17**）。

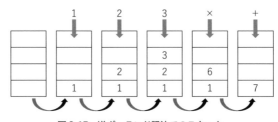

図 3-17　逆ポーランド記法でのスタック

　一般的な中置記法（数字の間に演算子を書く記法）から逆ポーランド記法に変換するときは，スタックを用いて実現できます。具体的には次の手順を繰り返します。

**手順1**　入力されたものが数値であれば，そのまま出力する

**手順2**　入力されたものが演算子であれば，その演算子より優先順位の高いすべての演算子をスタックからポップして出力し，入力された演算子をスタックにプッシュする

**手順3**　最後は，スタックに残っているものをすべて順にポップして出力する

例えば，「$1+2×3$」であれば，まず「1」を出力します。次の「+」は演算子なので，スタックを確認し，この時点ではスタックに何もないため，スタックにプッシュします。次の「2」は数値なのでそのまま出力し，次の「×」は演算子なので，優先順位の高い演算子をスタックから探します。この時点では「+」しかないので取り出すものはなく，スタックにプッシュします。そして「3」は数値なのでそのまま出力し，「×」と「+」をポップして出力すれば完了です。

逆ポーランド記法で書かれた選択肢の式のうち，答えが「24」になるものを選んでください。

(1) $1\ 4\ 5+2\ ×\ +$　　(2) $4\ 6\ ×\ 3\ 8++$　　(3) $3\ 4\ ×\ 2\ 6\ ×\ +$　　(4) $3\ 5\ 8+×$

答え

それぞれを順に処理したとき，スタックに格納されている値を下から並べると次のように変化するため，（3）が正解です。

(1)「1」→「1 4」→「1 4 5」→「1 9」→「1 9 2」→「1 18」→「19」

(2)「4」→「4 6」→「24」→「24 3」→「24 3 8」→「24 11」→「35」

(3)「3」→「3 4」→「12」→「12 2」→「12 2 6」→「12 12」→「24」

(4)「3」→「3 5」→「3 5 8」→「3 13」→「39」

- 最短経路問題の考え方を理解している
- ダイクストラ法やベルマン・フォード法などの特徴を理解している

## ▌解説

電車の乗り換え案内や車のカーナビでは，出発地と目的地を入力すると，複数の経路の中から最短のルートや最安のルートなどを調べてくれます。このような問題は**最短経路問題**と呼ばれています。

最短経路問題には，ある特定の「始点」から他すべての点への最短経路を求める「単一始点最短経路問題」や，与えられた2つの点の間の最短経路を求める「二点間最短経路問題」，任意の2点間の最短経路を求める「全点対最短経路問題」などがあります。

このとき，費用や時間，距離など様々な指標がありますが，これを「コスト」として，コストを最も小さくすることが求められます。このような問題を解くアルゴリズムはいくつも提案されており，ダイクストラ法やベルマン・フォード法，ワーシャル・フロイド法などがあります。

### ダイクストラ法

単一始点最短経路問題を解くためのアルゴリズムです。始点からコストが少ないノードへ進むことを繰り返し，それぞれの点までのコストを更新していきます。コストを更新できるところだけを探索するため，最小のもの以外はそれ以上探索する必要はありません。これによって，最短経路を求められますが，ダイクストラ法ではコストとして負の値があると正しく動作しません。

### ベルマン・フォード法

ダイクストラ法と同様に単一始点最短経路問題を解くアルゴリズムです。最初は，スタート以外の点までのコストを無限大に設定しておき，辺の両端の値を比較してコストが小さい方の点に辺のコストを足してもう一方の点を更新します（もう一方の点のコストが下がらない場合は更新しません）。これをすべての辺に対して繰り返して，更新されなくなれば終了です。コストとして負の値にも対応できます。このアルゴリズムは負の閉路を許容しません。

**例題**

都市間の移動にかかる時間が次の図のように与えられたとします。地点Aから地点G
まで移動するときの時間を最短にする経路を求め，その時間を答えてください。

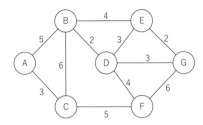

**答え**

ダイクストラ法で考えると，図のように各点からの時間を表現でき，最短となる時間
は10と求められます。

# 3-14 効率よく詰め込む〜ナップサック問題

**📌 ここがポイント！**

● ナップサック問題の難しさを理解している
● 0-1 ナップサック問題の具体的な解法として貪欲法や分枝限定法の考え方を理解している

## 解説

組み合わせ最適化問題の1つに**ナップサック問題**があります。これは，いくつかの品物が用意されており，それを1つのナップサックに詰め込むことを考えるとき，入れた品物の価値を最大にする組み合わせを求める問題です。それぞれの品物には容量と価値が与えられており，ナップサックに入れられる容量の上限が決められています。品物の容量の合計をこの上限に抑えつつ，価値を最大にすることを考えます。例えば，**図3-18**のような例を考えると，例2の組み合わせの価値が高いといえます。

**容量50のナップサックに入れる**

| 品物 | 容量 | 価値 |
|------|------|------|
| 鏡 | 5 | 10 |
| 勾玉 | 3 | 8 |
| 剣 | 8 | 12 |

例1) 鏡5、勾玉5、剣1のとき
容量：
$$5×5 + 5×3 + 1×8 = 48$$
価値：
$$5×10 + 5×8 + 1×12 = 102$$

例2) 鏡4、勾玉7、剣1のとき
容量：
$$4×5 + 7×3 + 1×8 = 49$$
価値：
$$4×10 + 7×8 + 1×12 = 108$$

**図3-18 ナップサック問題**

上記のように品物の種類が少なく，容量もそれほど大きくなければ手作業でも解けますが，少し規模が大きくなると最新のコンピューターでも現実的な時間で解くのは難しくなります。このため，「NP困難問題」の1つとされています。

しかし，それぞれの品物について詰め込める数は1個だけ（0または1個）という制約をつけた問題として**0-1ナップサック問題**があります。単純に考えると，それぞれの品物を「入れるか」「入れないか」の2種類であるため，$n$個の品物があると$2^n$通りを調べることになりますが，効率よく最適解を求める方法が知られています。

その方法として**貪欲法（グリーディー法）**や**分枝限定法**が有名です。これらについては，次の「例題」で解説します。

**例題**

あなたは旅行に持っていくアイテムを考えています。次のアイテムが候補としてあり，持っていくバッグの容量が40kgまでしか入らないとき，価値の合計が最大となるアイテムの組み合わせを求めてください。

| アイテム | 価値 | 重さ（kg） |
|---|---|---|
| A | 100 | 6 |
| B | 200 | 10 |
| C | 50 | 2 |
| D | 350 | 15 |
| E | 400 | 30 |
| F | 10 | 1 |
| G | 70 | 4 |
| H | 80 | 5 |

**答え**

貪欲法では，重さに対する価値が高いものから順に入れていきます。上記の表から価値を重さで割ったもので並べると，C→D→B→G→A→H→E→F の順になります。そして，40kgを超えないようにすると，C, D, B, G, A までの5つとなります（37kgで価値は770）。

分枝限定法では各アイテムを入れるかどうかを変数で表し，（重さに着目して）$6x_A + 10x_B + 2x_C + 15x_D + 30x_E + x_F + 4x_G + 5x_H \leq 40$ という条件のもとで，（価値に着目して）$100x_A + 200x_B + 50x_C + 350x_D + 400x_E + 10x_F + 70x_G + 80x_H$ という式を最大化することを考えます（それぞれの変数には0か1が入る）。

ここで，$x_A$ に0か1を入れた式を考え，さらにそれぞれについて $x_B$ に0か1を入れた式を考える，ということを繰り返しながら，解いても無駄なものが出るとその先を調べるのをやめます。上記の貪欲法による解を暫定解として解き進めると，この問題ではA, B, D, G, H を入れたときが40kgで価値が800となり，最大だとわかります。

## 競技プログラミングなどに参加しよう

プログラミングを学ぶとき，教科書などを読むのもよいですが，実際にプログラムをつくってみないとその動作を確認できません。つくりたいプログラムがある場合は，そのプログラムを設計し，実際につくってみるのがわかりやすいです。ただ，何をつくればいいのかわからないこともありますし，いきなり大規模なプログラムを1人でつくるのは現実的ではありません。それほど時間をかけなくても実装でき，結果がわかりやすい練習問題を解くといいでしょう。

そこで，「競技プログラミング」や「プログラミングコンテスト」などに挑戦する方法があります。これは，出題された問題を，いかに速く正確に解くかを競争するものです。オンラインで開催されているものが多く，毎週のように問題が出題されています。

また，機械学習などを使った，より高度なデータ分析について学ぶとき，有効な方法として「Kaggle」があります。Kaggle は機械学習やデータサイエンスに関わっている世界中の人が集まっているコミュニティーで，コンペが多数開催されており，提示された課題に対して精度の高いモデルを作成するという競争で，上位に入賞すると賞金を得られます。これらのコンペには無料で参加でき，そのコンペを提供している企業からデータが与えられるため，それを使ってモデルの学習から評価まで試せます。

難易度も様々で，上級者向けのものだけでなく初心者向けのものもあります。また，Slack などのオンラインコミュニティーで交流して質問もできますし，活発に投稿されていますので，ぜひ参加してみてください。

最初は解けなくても，何度も挑戦していると，そのコツがわかってきます。ぜひ気軽に挑戦してみてください。

第 4 章

# ビジネス数学

〜ビジネスにおいて数学技能を活用する能力〜

**イントロダクション**

　第1章のイントロダクションで紹介した「数理・データサイエンス・AI教育プログラム」で学ぶことは，学生の基礎教育ではなく，「今後の社会で活躍するにあたって学び，身につけるべき新たな時代の教養教育（リベラルアーツ）」だとされています。社会で活躍するためには，どんな業界であってもビジネス上の課題を認識・理解し，その課題を整理・解決することが求められます。

　特に，ビジネスの現場では「勘」や「経験」で判断するのではなく，「データを根拠として相手にわかりやすく伝える」ということが求められます。何の根拠もない情報を伝えてしまうと，結果として顧客やパートナーとの信頼関係を失ってしまうことがあります。

　その判断が仮に正しかったとしても，その根拠がデータに基づいていないと信頼性に欠けると判断されるからです。これができていないと，何の根拠もない情報を伝えてしまったことによって顧客との信頼関係を失ってしまったり，扱う数値を間違えたことによって大きな損害につながったりする可能性があります。また，本人は相手に伝えたつもりでも，その内容が正確に伝わっておらず，後でトラブルになる可能性もあります。

　これらのリスクを回避するには，「ビジネス数学検定」[※1]で挙げられている「ビジネスに必要な5つの力」（把握力・分析力・選択力・予測力・表現力）の活用が考えられます（**図4-0**）。

**図 4-0　ビジネスに必要な5つの力**
出所：https://www.su-gaku.net/math-biz/about/

　把握力は，物事の状況や特徴を理解する能力を指します。データは現象や事象を整理・分類する助けとなります。

　分析力は，規則性や変化，相関性などを見抜く能力を指します。データの背後にある意味を見つけ，有益な洞察を得ます。

　選択力は，複数の事象や選択肢から最適なものを選ぶ能力を指します。データを用い

て，選択肢の中から最も良い結果を導き出す選択ができます。

　予測力は，過去のデータから未来の傾向や可能性を予測する能力を指します。データを用いて未来の事象を予測することでリスクを軽減し，新たな機会を見つけ出すことが可能になります。

　表現力は情報を適切かつ効果的に伝える能力を指します。結果をグラフやチャートなどを用いて視覚的に表現することで，他者が理解しやすいように伝えます。

　データを使って，客観的かつ正確で，信頼性の高い意思決定ができるようにしましょう！

………………………………………………………………………………………………………………………
※1 「データサイエンス数学ストラテジスト」資格と同じ公益財団法人 日本数学検定協会が実施している資格検定
　　（https://www.su-gaku.net/math-biz/）

- グラフを読み取るときはデータの数や量だけでなく，割合を使うなど複数の視点で考える必要がある
- 比較するときは他の項目や期間などに注意する必要がある

## 解説

データが与えられたとき，その羅列を眺めるだけでは統計的な特徴を捉えるのは難しいものです。そこで，視覚的に捉えやすいように，データをグラフとして表現する方法がよく使われます。

第1章では，グラフの例として棒グラフや折れ線グラフ，円グラフ，帯グラフなどについて解説しました。このようなグラフは便利ですが，受け取る側が正しく把握しないと，誤って受け取ってしまう可能性があります。

例えば，図4-1のようなグラフをよく見かけます。縦軸は，ある商品の購入者へのアンケートで「良い」と答えた人の数です。前年は80人，今年は200人で，2.5倍に増加したことを表しており，グラフとして特に問題ないように見えます。

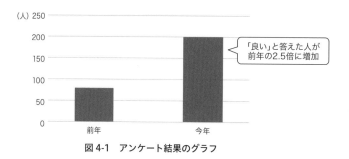

図 4-1　アンケート結果のグラフ

しかし，図4-1のもとになった実際のデータ（図4-2）を見ると，そもそもアンケートの回答者数が前年と今年で違っていることがわかります。つまり，全体に占める割合で見ると，「良い」と答えた人の割合は変わっていないことがわかります。

実際のデータ　　　　　　　実は割合は変わっていない

| 購入者の評価 | 前年 | 今年 |
| --- | --- | --- |
| 良い | 80 | 200 |
| 悪い | 120 | 300 |

図4-2　実際のデータ

　このように，グラフを読み取るときは，データの数を見るだけでなく割合を見る，軸が正しいか確認する，他の項目と比較する，他の期間と比較する，など様々な視点で読み取らないと，誤った解釈につながります。

**例題**

　次のグラフは，それぞれの市の「人口増加率」を表しています。このグラフを読み取るときの注意点を答えてください。

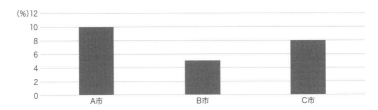

**答え**

　グラフを見ると，A市の人口が一番増えていることがわかります。しかし，このグラフだけでは元の人口はわかりません。B市にA市の10倍の人口がいるのであれば，実際に増えている人口はB市の方が多くなります。グラフが表しているのは「率」なので，B市の方が増えた人数が少ないように見えても，実際に増えている人数はB市の方が多い可能性があります。

● 文章から読み取ったことを整理して図で表現すると，直感的に理解できる
● 4象限マトリクスやロジックツリー，ベン図などの特徴を把握している

## 解説

データを分析するときに限らず，日常生活の中でも，文章として書かれていることを正しく把握できないと，誤った行動につながってしまいます。つまり，文章を論理的に把握することは重要なスキルです。

文章を論理的に把握する最初のステップは，使われている用語の意味を確認することです。知らない言葉が出てきたら，それが何を意味するのか，似た言葉とは何が違うのかを調べます。

次に，その文章が使われている文脈について考えます。前後の文章などから他の情報を探すことで全体像を把握し，その文章がどういった位置づけにあるのか，他の部分との因果関係や対比，比較などの論理関係を考えることができると，解釈に必要な情報を把握できます。

文章で捉えるだけでなく，それを図で表現すると直感的に理解できるだけでなく，抜けや漏れを取り除くことができます。このときに使われる図として，4象限マトリクスやロジックツリー，ベン図があります。4象限マトリクスとロジックツリーは**図4-3**に，ベン図は「例題」で示します。

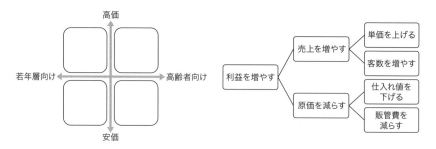

図4-3　4象限マトリクス，ロジックツリー

**例題**

　ある携帯電話会社ではオプションとして「データ通信の使い放題」と「電話のかけ放題」を提供しています。前年に契約した300人の顧客のうち，「データ通信の使い放題」を契約した顧客が200人，「電話のかけ放題」を契約した顧客が80人でした。また，どちらのオプションも契約しなかった顧客が60人いました。

　「データ通信の使い放題」と「電話のかけ放題」の両方を契約した人数を求めてください。

**答え**

　文章として理解するだけでなく，図解すると考えやすくなります。問題文に書かれているものを整理すると，ベン図を使って次のように表現できます。

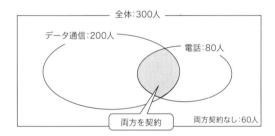

　ここで，「データ通信の使い放題」と「電話のかけ放題」の契約者数を単純に足し算すると，両方を契約した人を二重に集計してしまいます。そこで，重複した人数を除くため，両方を契約した人数を$x$とすると，次のような式で表現できます。

$$200 + 80 - x + 60 = 300$$

　この式を解くと，$x = 40$となり，両方を契約した人数は40人だとわかります。

← ここがポイント！

- デジタルマーケティングの特徴を知っている
- Web サイトへのアクセスを分析するときの指標を知っている

## 解説

　現代社会ではSNS が多く使われているため，一般の利用者として情報収集や情報発信に使うだけでなく，ビジネスの視点で使うことも増えています。新商品の発売などのニュースだけでなく，日常的な顧客へのアプローチにおいても，SNS は多く活用されています。

　SNS やブログ，電子メールなどでコンテンツを発信するだけでなく，検索エンジン最適化（SEO），アフィリエイトなど様々な手法があります。このようなデジタル技術を使った広告，宣伝，販売などの手法をデジタルマーケティングと呼びます。

　マーケティングの目的は，ターゲットとなる顧客との関係を強化するとともに，ブランドの認知を向上させ，製品やサービスの販売を促進することです。従来の新聞やテレビなどのマーケティング手法と比べると，デジタルマーケティングは費用対効果の面でも優位性がありますが，それ以上に「データを測定できること」がメリットとして挙げられます。

　テレビなどでは視聴率を取得できる程度で，どのようなターゲットにどれだけ届いたのかをデータとして細かく取得できるわけではありません。しかし，SNS やブログであれば，インプレッション数やアクセス数を把握できますし，電子メールでも開封率などを測定できます。年齢や性別などの情報をある程度推定できる場合もあります。

　これにより，データをもとにした様々な分析が可能になります。例えば，統計的な処理によってユーザーの行動パターンを把握したり，トレンドを予測したりできます。また，ユーザーのレビューやコメントから自然言語処理（NLP）を用いて感情分析を行うことで，商品やサービスについての顧客感情を把握することもできます。

　Web サイトへのアクセスを分析するときに使われる指標として次のようなものがあります。

| 指標 | 内容 |
|---|---|
| PV（ページビュー） | Web ページが表示された回数 |
| セッション数 | Web サイトへの訪問回数 |
| UU（ユニークユーザー） | Web サイトへの訪問人数 |
| CV（コンバージョン） | Web サイトへのアクセスでもたらされた成果 |
| CVR（コンバージョン率） | 一定期間のUU またはセッション数に対するCV数の割合<br>（CV数÷（UU またはセッション数）） |
| IMP（インプレッション数） | 広告の表示回数 |
| CTR（クリック率） | 表示された広告がクリックされる割合 |
| 直帰率 | ユーザーが該当ページから他のページを閲覧することなく立ち去ってしまう割合 |
| 離脱率 | 該当ページのPV に対して，そのページが最後の閲覧ページとなる割合 |

**例題**

次の3つのうち，コンバージョン率が最も高いWeb サイトはどれでしょうか。

| サイト | セッション数 | コンバージョン数 |
|---|---|---|
| A | 1200 | 30 |
| B | 1800 | 50 |
| C | 2500 | 60 |

**答え**

それぞれコンバージョン数をセッション数で割ると，コンバージョン率は
A：2.5%，B：2.77…%，C：2.4% となり，B が最も高いです。

- 企業の利益を表す言葉の違いを理解している
- それぞれの利益の計算方法を理解している
- 利益の値は過去のデータや競合他社のデータと比較する

## 解説

　ビジネス目標の1つは利益の追求です。売上（売上高）を増やすことも重要ですが，単に売上を増やしてもそれだけコストがかかっていると，最終的な利益が手元に残らず，ビジネスとして成功とはいえません。一般に利益は，ビジネスが生み出した売上から，その売上を生み出すのにかかったコストを差し引いた残りのお金を指します。ただし，この「利益」という言葉には「売上総利益」「営業利益」「経常利益」「当期純利益」のように，いくつかの種類があります。

### 売上総利益（粗利益）

　売上高から直接的な生産コスト（変動コスト）である売上原価を差し引いたものです。個々の製品やサービスがどれだけ利益を生み出しているかを表します。

### 営業利益

　売上総利益から広告宣伝費や販売にかかる人件費，通信費などの販管費（販売費及び一般管理費）を引いたものです。ビジネスの主な活動から得られる利益を意味します。

### 経常利益

　営業利益に本業以外での収益を加え，費用を差し引いたものです。受取利息や受取配当金，有価証券売却益などが含まれます。

### 当期純利益

　経常利益に臨時に発生した損益を反映させ，税金などを差し引いたものです。純利益は企業が最終的に利益として得られる金額を示します。

　これらの関係は**図4-4**のように表現できます。営業外収益や特別利益が多い場合は，図のように右側が少なくなるとは限りませんし，最終的に純利益が赤字になる場合もあります。

図 4-4　利益の種類

　ある会社のある年のデータとして，これらの数値を見ることもできますが，過去のデータや競合他社のデータと比較することで，業績の評価や業務改善に役立てることができます。

**例題**

次の情報をもとに，この会社の営業利益と経常利益を計算してください。

- 売上高：5000万円
- 売上原価：2000万円
- 販売費及び一般管理費：1000万円
- 営業外収益：200万円
- 営業外費用：150万円

**答え**

　営業利益は「売上高 − 売上原価 − 販売費及び一般管理費」で計算できるので，5000 − 2000 − 1000 = 2000万円です。また，経常利益は「営業利益 + 営業外収益 − 営業外費用」で計算できるので，2000 + 200 − 150 = 2050万円です。

- 販売価格を決定するときに必要な原価の考え方について理解している
- 原価に含まれる材料費や労務費，製造経費の違いを理解している
- 製造原価と仕入原価，売上原価の違いを理解している

## ▌ 解説

　企業が製品の価格を決めるときは，原価に利益を加えて設定します。利益を大きく設定すると製品価格が高過ぎて売上が落ちますし，利益を少なく設定するとどれだけ売れても利益が出なくなります。このためには，原価を把握し，販売価格を適切に設定することが求められます。

　原価は商品やサービスを製造，提供するために必要な材料や，製造のための人件費，その他必要な経費の合計金額で，それぞれ「材料費」や「労務費」，「製造経費」と呼ばれます。

### 材料費

　商品を製造するために必要な材料や部品の費用です。

### 労務費

　人件費のうち，製造に直接関わった労働者に支払う賃金や給料です。

### 製造経費

　工場の家賃，大型設備の減価償却費，工場の水道光熱費など商品の製造に直接的に関連する費用です。

　このとき，原価には大きく3つの考え方があります。それは，「製造原価」「仕入原価」「売上原価」です。製造原価と仕入原価は企業の業種の違いによるもので，製品を自ら製造する業種では製造原価，商品を仕入れて販売する業種では仕入原価と呼ぶことがあります。

### 製造原価，仕入原価

　製品を製造したり，商品や原材料を仕入れたりするために必要な原価です。

### 売上原価

　販売された製品の製造に必要だった原価です。商品として販売されることで，その商

品を製造したときに発生した費用を指します。前項で売上総利益（粗利益）の計算に用いたものです。

　仕入原価や製造原価は商品やサービスが売れるかどうかに関わらず発生するのに対し，売上原価は期間内に実際に売れた商品やサービスにかかった費用の合計金額です。
　なお，原価を売上で割って算出したものは**原価率**と呼ばれます。原価率が低いということは，仕入れたものに高い付加価値を付けて販売できている状況であることを意味します。例えば，原価300円の商品を1000円で販売した場合，原価率は $\frac{300}{1000} = 0.3$ なので30%となります。一般に原価率は業種によって異なり，飲食店では30%程度といわれています。

**例題**

　原価2000円の商品に35%の利益を見込んだ定価をつけていました。売れ残りそうなので，定価の20%引きで販売したときに得られる利益を求めてください。

答え

　原価が2000円で，見込んだ利益が2000×0.35＝700円なので，定価は2700円です。この定価の20%引きなので，販売価格は2700−2700×0.2＝2160円となります。このため，得られる利益は2160−2000＝160円です。

## 評価しやすい基準で比較する～数値の比較による選択

- A/Bテストなど複数パターンで評価する方法を理解している
- 重み付け評価が使われる理由や計算方法を理解している

### 解説

Webページのデザインを決めるとき，複数の候補から選ぶことがあります。このとき，社内でのアンケートなどを実施する方法もありますが，候補となるWebページを実際に公開して，その反応を見てデザインを評価する方法があります。

このように，2つ以上の異なるパターンをランダムに表示し，どちらが効果的かを決定する方法として**A/Bテスト**があります。AとBというパターンを比較するものですが，3つ以上でも構いません。

Webページではアクセスを自動的に振り分けることもできますが，それ以外にも複数の中から選ぶことは日常生活やビジネスの場面でもよくあります。このとき，単純に数値の大小で比較できるのであれば簡単です。同じ商品がA店では120円で，B店では150円で売られていれば，A店で買った方が安いと判断できます。

ビジネスの場面では，「新卒採用でたくさんの応募者の中から優秀な人材を選ぶ」「入札に応募した企業から最も良い提案を選ぶ」など影響の大きなものがあります。このような場合，単純な数値では比較できませんが，根拠を持って選びたいものです。

そこで，**重み付け評価**という手法が使われることがあります。これは，複数の基準がある中で，その基準の重要度の違いに注目する方法です。これを数値化して，数学的に計算する方法です。

「入札に応募した企業から最も良い提案を選ぶ」場合，まずは評価項目を決めて，それぞれの提案内容を点数化します。それぞれの企業の点数に対して，設定した重みを掛け算し，その総合評価を求めます。これにより，複数の評価項目に対する点数があっても，重み付け評価を使うと1つの点数で比較できるようになることがポイントです。

なお，この評価項目の選び方や重みとして設定する値は人によって異なります。同じ優先順位であっても，その重みが違うことは珍しくありません。このため，事前に評価項目や重みを決めておかなければなりません。

**例題**

次の表のようにそれぞれの評価項目に対して点数をつけたとします。

| 企業 | 費用 | スケジュール | 提案力 | 実績 |
|------|------|------|------|------|
| A社 | 5 | 3 | 4 | 2 |
| B社 | 4 | 4 | 5 | 3 |
| C社 | 3 | 5 | 3 | 4 |

この評価項目に対して優先度を設定し，その優先順位に沿って次のような重みを設定したとします。

| 評価項目 | 費用 | スケジュール | 提案力 | 実績 |
|------|------|------|------|------|
| 重み | 5 | 3 | 4 | 2 |

このとき，重み付け評価によって最も点数の高い企業はどれでしょうか。

**答え**

それぞれの企業の評価について，重みを掛け合わせると，次のような点数になります。

A社：$5 \times 5 + 3 \times 3 + 4 \times 4 + 2 \times 2 = 54$

B社：$4 \times 5 + 4 \times 3 + 5 \times 4 + 3 \times 2 = 58$

C社：$3 \times 5 + 5 \times 3 + 3 \times 4 + 4 \times 2 = 50$

これを見ると，B社の点数が高いため，B社が選ばれます。

## 4-7 基準をそろえて比較する〜割合や比を用いた選択

### ここがポイント！

● 割合を使うことで，量の大きさが違うものでも同じ単位で比較できることを理解している

● 比や倍率を使うことで，数量の相対的な関係を比較でき，異なる単位でも比較できることを理解している

### 解説

　経営評価として，売上や利益，原価などの大きさを比較するのは1つの方法ですが，大きさだけを見ていると正しく解釈できないことは少なくありません。売上がどれだけ大きくても，それだけ経費を使っていれば経営状況は不安定かもしれません。同業他社と比較する方法はありますが，売上の大きさなどが異なると簡単には比較できません。このような場合，大きさだけでなく，それぞれの項目が全体に占める「割合」を使うと便利です。

　また，消費者の立場で製品やサービスを選択するときにも「割合」を使います。例えば，加工食品を購入すると，パッケージの裏側には「栄養成分表示」が記載されています。そこには，「100g当たりの量」や「1食分」などの食品単位ごとに含まれる栄養成分やカロリー，量などが記載されています。これにより，内容量が異なる他の食品とも容易に比較できます。

　割合は，第1章で解説したように，一部が全体に対してどれだけの量を占めているかを表します。また，全体に占める比率だけでなく，倍率を計算して比較することもあります。例えば，投資の判断に使うとき，株価が割高かどうかを調べるために，PBR（株価純資産倍率）やPER（株価収益率）などの指標が使われることがあります。

### PBR（Price Book-value Ratio）

　「株価÷1株当たり純資産」で求められます。企業の資産価値に対して割高か割安かを判断する目安として利用されます。PBRが1倍に近いことが，株価の底値であることの目安として使われることが多いです。

### PER（Price Earnings Ratio）

　「株価÷1株当たり純利益」で求められます。企業の利益水準に対して割高か割安かを判断する目安として利用されます。

その他，私たちの生活の身近なところでは，「1GB当たりの通信量が安い通信会社を選びたい」「レシピに書かれている1人前の量を参考にして複数人の料理をつくる」など，倍率を計算して比較する方法はよく使われます。

このように，比や倍率を使うことで，数値の大小や数量に関する相対的な関係を容易に比較できます。また，異なる単位を持つ数値を比較するときも，同じ比率や倍率に換算することで，容易に比較できます。

**例題**

次の表は，ある会社の店舗の情報と，それぞれの店舗における売上高をまとめたものです。単位面積当たりの売上高が最も大きい店舗はどれでしょうか。

| 店舗 | A | B | C | D |
|---|---|---|---|---|
| 従業員数 | 28人 | 17人 | 31人 | 14人 |
| 面積 | 2000 m² | 1500 m² | 3200 m² | 1300 m² |
| 売上高 | 1800万円 | 1400万円 | 2900万円 | 1200万円 |

**答え**

単位面積当たりの売上高に従業員数は関係ないため，ここでは使用しません。それぞれの店舗について，単位面積当たりの売上高を計算するには，売上高を面積で割ればよいので次のように計算でき，Bが最も大きいことがわかります。

- A：$\frac{1800}{2000} = 0.9$
- B：$\frac{1400}{1500} = 0.93333\cdots$
- C：$\frac{2900}{3200} = 0.90625$
- D：$\frac{1200}{1300} = 0.92307\cdots$

👉 **ここがポイント!**

● 期待値の計算方法を知っている

● 成約率などに期待値の考え方を使えることを知っている

### 解説

ビジネスの現場では，同じ行動をとっても結果が変わることは珍しくありません。それでも，発生しやすい結果と発生しにくい結果を想定し，その確率に基づいて判断をすることでリスクを低減でき，効果的な意思決定が可能になります。

この確率を用いた判断の基準として**期待値**が使われます。期待値は，発生する可能性がある結果をその確率で重み付けした合計として計算できます。

例えば，次の表のような金額が当たる宝くじを買ったとき，当たる金額の期待値を考えます。

| 金額 | 0円 | 100円 | 1,000円 | 10,000円 | 合計 |
|------|-----|-------|---------|----------|------|
| 本数 | 920本 | 50本 | 25本 | 5本 | 1000本 |

まずはそれぞれの金額が当たる確率を計算します。全体で1000本入っているので，それぞれの金額が当たる確率は，$\frac{920}{1000}, \frac{50}{1000}, \frac{25}{1000}, \frac{5}{1000}$ です。そして，それぞれの金額と掛け合わせることで期待値を計算できます。

$$0 \times \frac{920}{1000} + 100 \times \frac{50}{1000} + 1000 \times \frac{25}{1000} + 10000 \times \frac{5}{1000} = \frac{80000}{1000} = 80$$

この宝くじを購入すると，平均的には80円が当たる計算になります。つまり，この宝くじを100円で購入すると損することがわかります。当然，平均的な結果であるだけなので，10,000円が当たることもあれば，0円になってしまうこともあります。

これをビジネスの現場でも適用することを考えます。例えば，取引先に営業に行くとき，それぞれの取引先の成約見込額と，成約の可能性が次の表のように想定できたとします。

| 取引先 | A社 | B社 | C社 | D社 | E社 |
|--------|-----|-----|-----|-----|-----|
| 成約見込額 | 10万円 | 30万円 | 50万円 | 100万円 | 200万円 |
| 成約可能性 | ◎ | ○ | 不明 | △ | × |

ここで，どの取引先を優先して訪問するかを考えます。このとき，上記の表にある成

約の可能性を確率として考えると，それぞれの期待値を計算できます。例えば，A社からE社の成約率を90%，70%，50%，30%，10% とします。すると，それぞれの期待値は，次のように計算できます。

- A社：$10 \times 0.9 = 9$万円
- B社：$30 \times 0.7 = 21$万円
- C社：$50 \times 0.5 = 25$万円
- D社：$100 \times 0.3 = 30$万円
- E社：$200 \times 0.1 = 20$万円

つまり，D社，C社，B社という順で訪問すると良さそうです。

### 例題

ある店舗に来店する客数と，その日の利益は確率的に変動します。次の情報をもとに，期待利益（＝期待値）を計算してください。

- 50人が来店する場合の利益は30万円で，その確率は0.5（50%）
- 100人が来店する場合の利益は70万円で，その確率は0.3（30%）
- 150人が来店する場合の利益は120万円で，その確率は0.2（20%）

### 答え

期待利益（期待値）は利益と確率をもとに，次のように60万円と計算できます。

$30 \times 0.5 + 70 \times 0.3 + 120 \times 0.2 = 60$万円

## 4-9 過去の傾向から予測する〜移動平均を用いた予測

**ここがポイント！**

● 移動平均の計算方法を知っている
● 移動平均によって，長期的な傾向を捉えられることを理解している

### 解説

　週単位や月単位，年単位などで周期的に変化するようなデータであれば，ある程度は過去のデータから予測できます。しかし，周期性がないデータでは単純な予測は困難です。

　それでも，時系列データにおいて，過去の傾向から未来のトレンドをある程度予測する方法として**移動平均**があります。移動平均は，ある期間ごとにデータを分け，それぞれの期間でのデータの平均を計算する方法です。このとき，期間をずらしながら平均の計算を繰り返すことで，時間的な変化を滑らかに捉えられることが特徴です。

　よく使われるのが株価や為替など金融市場のデータです。**図4-5**は，米ドル為替レートにおける，「25日移動平均」と「75日移動平均」のグラフです。

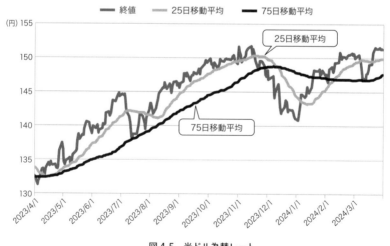

図 4-5　米ドル為替レート

　これを見ると，個々の株価は上下に振れているのに対し，25日移動平均は変化が滑らかになっており，75日移動平均はさらに滑らかになっています。このように，短期

174

と長期といった複数の移動平均を比較することで，価格の動向を判断し，買い時や売り時を予測するために使われています。

　このような方法は金融市場だけに使われるものではありません。工場などの生産現場などでは，商品の販売傾向を予測して在庫を管理し，生産スケジュールを調整することもできます。

　移動平均を使用することで，データのランダムな変動をある程度取り除くだけでなく，長期的な傾向を明確にできます。例えば，1日ごとのデータを見ていると平日と土日の売上などの違いによって差が出ることがありますが，それを週単位や月単位にすることで，曜日ごとの差を考える必要がなくなります。

　一方で，移動平均は過去のデータに基づいているため，急激な変化には対応できません。例えば，突然相場が荒れてもすぐに売買のサインにはつながりません。

　また，データがある程度は定常性を持つことを前提としています。つまり，データの平均や分散が時間に依存しないデータであることが必要です。

**例題**

次のデータから3日間の移動平均を計算してください。

| 日付 | 1/1 | 1/2 | 1/3 | 1/4 | 1/5 | 1/6 | 1/7 |
|---|---|---|---|---|---|---|---|
| 売上 | 100 | 120 | 110 | 140 | 130 | 160 | 150 |

**答え**

　3日間の移動平均は，左から順に3つずつ取り出し，その平均を計算します。例えば，最初の3日間の平均は $\frac{100+120+110}{3} = 110$ となります。その他も順に計算すると，次のような結果が得られます。

　110.0，　123.333…，　126.666…，　143.333…，　146.666…

- 最近の行動や評価に高い重みを割り当てる加重移動平均を理解している
- 加重移動平均によるグラフの特徴を理解している

## 解説

　移動平均を使うと，過去のデータをもとにある程度は予測に使えます。しかし，過去のデータに基づいているため，傾向の変化に気付くことが遅れる可能性があります。ビジネスの現場では，新商品の投入や価格の変更などがあり，最近の行動や評価の方が，過去の行動や評価よりも重要であることは珍しくありません。このような変化がある中で，単純な平均では役に立たなかったり，トレンドに遅れたりする可能性があります。

　そこで，最近の行動や評価に高い重みを，過去の行動や評価には低い重みを割り当てる方法として**加重移動平均**があります。例えば，3日間の移動平均であれば，単純に3日間のデータの平均を計算するだけですが，加重移動平均では3日前のデータは1倍，2日前のデータは2倍，1日前のデータは3倍にして，「全体を6(1 + 2 + 3)で割る」といった方法が考えられます。この重みをデータの性質や目的に合わせて調整することで，柔軟な移動平均を計算できます。

　具体的な例として，前項の例題のデータで加重移動平均を計算してみます。最初の3日間を上記の方法で計算すると，$\frac{1 \times 100 + 2 \times 120 + 3 \times 110}{6} = 111.666 \cdots$ となります。他も同様に計算すると，次の表のようになりました。

| 期間 | 1/1 〜 1/3 | 1/2 〜 1/4 | 1/3 〜 1/5 | 1/4 〜 1/6 | 1/5 〜 1/7 |
|---|---|---|---|---|---|
| 移動平均 | 110.0 | 123.333 | 126.666 | 143.333 | 146.666 |
| 加重移動平均 | 111.666 | 126.666 | 130.0 | 146.666 | 150.0 |

　同様に，東京都の最高気温のデータをグラフにして，移動平均や加重移動平均を計算すると，図4-6のグラフが描けました。これを見ると，加重移動平均の方が少し左に寄っていて，変化に早く気付けることがわかります。

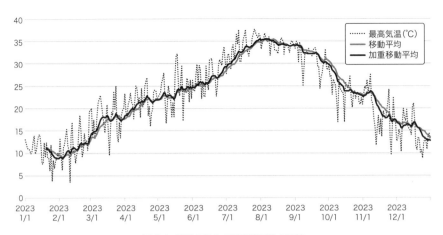

図 4-6　移動平均と加重移動平均の比較

　加重移動平均は便利ですが，重みは主観的な値であることを認識して使わなければなりません。過度な重みを割り当ててしまうと，そのデータが全体に大きな影響を与えてしまい，他の情報を見過ごす可能性もあるため，使うときには注意が必要です。

**例題**

　次のデータから3日間の加重移動平均を計算してください。なお，重みは「0.1, 0.2, 0.7」とします。

| 日付 | 1/1 | 1/2 | 1/3 | 1/4 | 1/5 | 1/6 | 1/7 |
|---|---|---|---|---|---|---|---|
| 売上 | 100 | 120 | 110 | 140 | 130 | 160 | 150 |

**答え**

　加重移動平均を計算するため，左から順に3つずつ取り出し，それぞれに重みを掛け合わせて平均を計算します。例えば，最初の3日間の加重移動平均は $100 \times 0.1 + 120 \times 0.2 + 110 \times 0.7 = 111$ となります。その他も順に計算すると，「111, 132, 130, 152, 150」という結果が得られます。

# 4-11 伝えたいことを適切に表現する～グラフでの表現

### ここがポイント！

- グラフを作成するときは，表計算ソフトなどの標準設定を使うだけでなく，何を伝えたいのかを意識して作成する必要があることを理解している
- 伝えたい部分の強調やコメントの記載などの手法を知っている

## 解説

　第1章では棒グラフや折れ線グラフ，円グラフ，ヒストグラムなど基本的なグラフの表現について紹介しました。また，第2章では散布図などについても解説しました。表計算ソフトを使うと，こういったグラフを手軽に描けます。

　ただし，標準設定で作成するだけでは，作成者が何を伝えたいのかはよくわからないものです。例えば，**図4-7**のグラフは数学検定の階級別の志願者数と，全体の合格者数を表現したものですが，これを見るだけでは何を伝えたいのかわかりません。

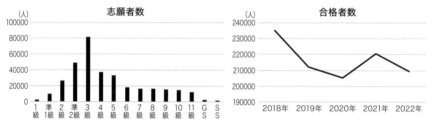

**図 4-7　単純なグラフ**

　例えば，**図4-7左**のグラフは「3級の志願者数が多い」ということを伝えようとしているように読み取ることもできますが，「4級や5級よりも準2級の志願者数が多い」ということを伝えようとしているようにも読み取れます。

　**図4-7右**のグラフは「合格者数が減少傾向にある」と伝えようとしていると読み取ることもできますが，「2020年から2021年にかけて増えた」ということを伝えようとしているようにも読み取れます。

　このため，どう伝えたいか，どの情報を強調したいか，何を視覚化したいか，を意識して作成する必要があります。例えば，グラフの一部の色を変える，注目してほしい部分にコメントをつける，といった方法が考えられます。

　**図4-8**のように書き換えると，作成者の意図が正確に伝わるでしょう。

図 4-8　情報を追加したグラフ

**例題**

　円グラフを描くとき，次のような「3D円グラフ」を使うと，立体的で見栄えを良くできますが，このようなグラフを使うときの注意点を答えてください。

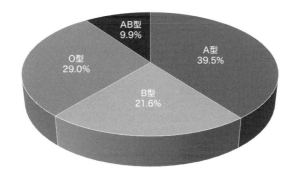

**答え**

　図を見ると，手前にあるB型の占める部分が，奥にあるO型の占める部分より大きく見えますが，実際の割合を見るとO型の方が多いことがわかります。このように，手前の部分がより大きく見えることに注意しなければなりません。

● 人間が直感的に把握するために図を使う重要性を理解している

● 表をつくるときは使う目的に応じてレイアウトを考慮している

## 解説

　数値の羅列のようなデータを見ても，人間が直感的に把握するのは難しいものです。そこで，たくさんのデータを視覚的に表現するためのツールとして，図や表があります。具体的な図として，第1章で解説したグラフや，第3章で解説したフローチャート，4-2の「論理的な文章把握」で紹介したマトリクスやベン図の他にも，ツリー構造やピラミッド構造があります（**図4-9**）。

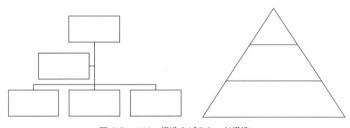

図 4-9　ツリー構造やピラミッド構造

　このような図を使うことで，複数のデータを比較したり，傾向をつかんだり，関係性を視覚的に把握できたりします。そして，表現したいものや伝えたい内容に応じて最適な図を選びます。

　表を作成するときに大切なのは，目的に応じて使い分けることです。例えば，表計算ソフトで処理するなどコンピューターで扱うことを考えると，**図4-10**右のように列で項目を表現し，1 データを1行で格納します。このような形式を**整然データ**といいます。

| 人数 | 経理部 | 総務部 | 人事部 |
|------|--------|--------|--------|
| 男性 | 3人 | 5人 | 2人 |
| 女性 | 4人 | 3人 | 3人 |

人間にとっては見やすい

コンピューターにとっては処理しやすい

| 部署 | 性別 | 性別（人） |
|------|------|-----------|
| 経理部 | 男性 | 3 |
| 経理部 | 女性 | 4 |
| 総務部 | 男性 | 5 |
| 総務部 | 女性 | 3 |
| 人事部 | 男性 | 2 |
| 人事部 | 女性 | 3 |

**図4-10　整然データ**

　整然データとして作成しておくと，表計算ソフトのフィルター機能で欲しいデータだけを抽出できますし，データの追加や削除，更新を容易にできます。人間にとっては，**図4-10**左のような形式の方が見やすいこともありますが，右の形式のデータを作成しておくと，左のような形式に変換する（クロス集計する）ことは簡単です。

**例題**

次のデータを整然データに変換してください。

| 名前 | 数学_01月 | 数学_02月 | 英語_01月 | 英語_02月 |
|------|-----------|-----------|-----------|-----------|
| 山田太郎 | 82 | 75 | 66 | 91 |
| 鈴木花子 | 69 | 70 | 83 | 54 |

**答え**

| 名前 | 教科 | 月 | 点数 |
|------|------|----|------|
| 山田太郎 | 数学 | 1 | 82 |
| 山田太郎 | 数学 | 2 | 75 |
| 山田太郎 | 英語 | 1 | 66 |
| 山田太郎 | 英語 | 2 | 91 |
| 鈴木花子 | 数学 | 1 | 69 |
| 鈴木花子 | 数学 | 2 | 70 |
| 鈴木花子 | 英語 | 1 | 83 |
| 鈴木花子 | 英語 | 2 | 54 |

**4-13** 複数の視点でデータを捉える～バブルチャートなどの使用

## 🔊 ここがポイント！

- バブルチャートの表現方法について理解している
- レーダーチャートの特徴を理解している
- 箱ひげ図の作成方法を理解している
- パレート図の作成手順を理解し，正しく読み取れる

### ▌ 解説

本書でここまでに紹介したグラフは，主に2つの軸で捉えるものでした。しかし，実際にはもっと違った視点で捉えたいデータもあります。そのときに使えるグラフとして，バブルチャートやレーダーチャート，箱ひげ図，パレート図などがあります。

### バブルチャート

2次元の図の中に2軸以外のデータを表現できる方法です。$x$軸と$y$軸の座標に加え，円（バブル）の大きさや色を使って視覚化します。一般的には，$x$軸と$y$軸で2つの変数の値を，バブルの大きさで量を，色でカテゴリーを表現する方法が使われます（**図4-11**）。

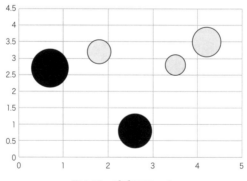

図 4-11 バブルチャート

### レーダーチャート

複数の軸で同時に比較し，そのバランスを確認したい場合に使われる方法です。表示したい項目の数だけ頂点がある正多角形を描き，それぞれの頂点に項目を割り当てます。

そして，それぞれの頂点どうしを線で結んで，中心を0とした目盛りをつけ，目盛りに対応する値を線で結ぶことで，多角形を描きます。値が大きいと多角形が大きく，値が小さいと多角形が小さくなります。出来上がった図が正多角形に近ければ，項目のバランスが取れていると判断できます（**図4-12**）。

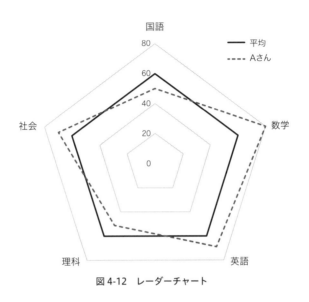

図4-12　レーダーチャート

## 箱ひげ図

　ヒストグラムでは1つの軸でデータの分布を表現しましたが，複数の軸で分布を表現するときに使われる方法です。データを小さい順に並べて，データの個数で4つに分けたとき，小さい方から数えて，全体の4分の1に該当する値を第1四分位数，全体の真ん中の値を第2四分位数，全体の4分の3に該当する値を第3四分位数といいます。例えば，データが11個あると，3個目，6個目，9個目のデータが該当します。

　そして，最小値と最大値の範囲で上下に線を描き，その間に長方形の箱を置きます。この長方形の箱の下が第1四分位数，箱の上が第3四分位数です。また，第2四分位数のところで横に線を入れます（**図4-13**）。

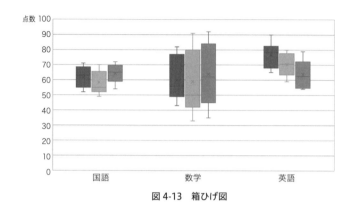

図 4-13　箱ひげ図

## パレート図

　棒グラフと折れ線グラフを組み合わせたグラフで，棒グラフは左から右へ頻度やコストの高い順に配置します。それとともに，累積曲線を折れ線グラフで描くことで，全体に占める割合を直感的に表現できます（**図4-14**）。また，全体の70％までを占めるものをA群，90％までをB群，残りをC群のように分けて考えることから，**ABC分析**と呼ばれることもあります。

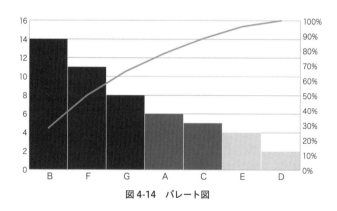

図 4-14　パレート図

### 例題

　次のデータを用いてパレート図を作成し，全体の占有率の80％を占めるのは何品目めまでかを計算してください。

| 品目 | A | B | C | D | E |
|------|-----|-----|-----|-----|-----|
| 数量 | 100 | 60 | 150 | 50 | 140 |

答え

　それぞれの品目を数量によって降順に並べ替えると，C→E→A→B→D の順に並びます。その上で，各品目の累積占有率を以下のように計算します。

- 品目 C：$\dfrac{150}{150+140+100+60+50} = \dfrac{150}{500} = 0.30$ つまり 30%
- 品目 E：$\dfrac{150+140}{150+140+100+60+50} = \dfrac{290}{500} = 0.58$ つまり 58%
- 品目 A：$\dfrac{150+140+100}{150+140+100+60+50} = \dfrac{390}{500} = 0.78$ つまり 78%
- 品目 B：$\dfrac{150+140+100+60}{150+140+100+60+50} = \dfrac{450}{500} = 0.90$ つまり 90%

　累積占有率がはじめて80%を超えるのは，品目Bで4品目めであることがわかります。パレート図は省略させていただきます。

## 仕事として数学や統計を使う職種とは？

　本書は「データサイエンス数学ストラテジスト 中級」のテキストとして，データサイエンスに関する内容を解説してきました。データサイエンスに関わる仕事として，データサイエンティストやデータエンジニア，データアナリストなどの職種があります。その他にも，本書で解説したような数学や統計をビジネスに生かす仕事はいくつもあります。

　金融部門では，「クオンツ」という職種があります。これは，量的アナリストとも呼ばれ，「量的」という意味の「Quantitative」から来た言葉です。高度な数学や統計モデルを用いて，リスク管理や投資戦略の検討，価格の設定などに取り組む仕事です。

　保険や年金の分野では，「アクチュアリー」という職種があります。これは，保険などのリスクや不確実性を評価し，数学や統計学を用いて保険料や年金の計算をもとに商品を開発したり会社の健全性を評価したりする仕事です。

　医療の分野では，「医療統計」「臨床統計」「生物統計」という言葉が使われることもあります。医薬品などを開発するためには，人を対象とした臨床試験を行い，有効性や安全性を評価する必要があります。人の命に関わる仕事でもあり，医療に関する知識も求められます。

　このように，データサイエンスについての知識が求められるだけでなく，そのデータを分析し，最大限に活用しようと思うと，数学や統計が必須であり，さらにそれぞれの業界に応じた特殊な知識を求められます。

　ぜひ本書のような一般的なデータサイエンスに関する知識を学ぶことに加え，自分の業界や業務内容に合わせた業務知識と組み合わせて，データを活用してみてください。

# データサイエンス数学ストラテジスト用語一覧

| 用語 | よみかた | 説明 |
|---|---|---|
| 圧縮 | あっしゅく | あるデータを，実質的な内容を可能な限り保ったまま，データ量を減らした形に変換すること |
| アルゴリズム | あるごりずむ | コンピューターに行わせる計算の手順，やり方。同じ結果を出すのであれば，より速く，より効率よく計算できるアルゴリズムが優れているといえる |
| 重み | おもみ | 情報の重要度や関係性を表す指標。特定の個体ごとに設定する |
| 回帰 | かいき | 教師あり学習の一つ。連続値を扱い，過去から未来にかけての値やトレンドを予測 |
| 回帰直線 | かいきちょくせん | データの分布傾向を表す直線 |
| 回帰分析 | かいきぶんせき | 結果となる数値（被説明変数）と要因となる数値（説明変数）の関係を明らかにする統計的手法。説明変数が1つの場合を単回帰分析，複数の場合を重回帰分析という |
| 過学習 | かがくしゅう | 訓練データに対して十分学習されているが，未知のデータに対して適合できていない状態を示す |
| 確率統計 | かくりつとうけい | 確率や確率分布の概念の理解，統計的な見方・考え方に関連する分野。データの平均値・散らばり具合から，対象データの特徴・傾向をつかみ，未来の可能性を推測する |
| 活性化関数 | かっせいかかんすう | ニューラルネットワークにおいて，あるニューロンからの入力値を特定の方法で変換し，次のニューロンへの出力値を決定する関数 |
| 偽陰性（False Negative） | ぎいんせい | 真の値がYesのデータを誤ってNoと判別した数。検査の場合は，罹患者を誤って陰性と判別した数 |
| 機械学習 | きかいがくしゅう | 物事の分類や予測を行う規則を自動的に構築する技術 |
| 基数 | きすう | n進法のnのこと。例として，十進法での基数は10，二進法での基数は2 |
| 逆ポーランド記法 | ぎゃくぽーらんどきほう | 演算子（＋×など）を被演算子の後ろに書いていく記法。コンピューターに計算を指示する場合に都合がよい |
| 教師あり学習 | きょうしありがくしゅう | 機械学習において，学習データに正解を与えた状態で学習させる手法 |
| 教師なし学習 | きょうしなしがくしゅう | 学習データに正解を与えない状態で学習させる手法。入力されたデータを観察し，含まれる構造を分析することを目的とする |

| 用語 | よみかた | 説明 |
|---|---|---|
| 偽陽性（False Positive） | ぎようせい | 真の値がNoのデータを誤ってYesと判別した数。検査の場合は，非罹患者を誤って陽性と判別した数 |
| クラス | くらす | 人間が事前に決めておくグループであり，各グループは最初から意味付けされている |
| クラスター | くらすたー | 類似性の高い性質を持つものの集まり。類似しているものを集めた結果としてできるグループであり，各グループの意味は後から解釈する |
| クラスタリング（クラスター分析） | くらすたりんぐ | 異なる性質のものが混ざり合った集団から，類似性の高い性質を持つものを集め，クラスターをつくる手法。意味付けは後から行う。教師なし学習に位置付けられる |
| クラス分類 | くらすぶんるい | 様々な対象をある決まったグループ（クラス）に分けること。教師あり学習に位置付けられる |
| 訓練データ（学習データ） | くんれんでーた | 訓練（学習）するためのデータのこと |
| 計算量（オーダー） | けいさんりょう | 入力サイズの増加に対し，無限大など極限に飛ばした際，処理時間がおおよそどの程度のスピードで増加するかを表す指標。アルゴリズムの計算効率や問題の難しさを測る尺度 |
| 検証データ | けんしょうでーた | 学習時には未知の検証用データのこと |
| コサイン類似度 | こさいんるいじど | ベクトルどうしの成す角度で類似度を表す指標 |
| 混同行列 | こんどうぎょうれつ | 合格・不合格，Yes・Noなどの2値分類問題において，真の値と予測値の分類を縦横にまとめたマトリクス表 |
| Σ（シグマ） | しぐま | 数学でのΣ（シグマ）は総和を表す文字式で，非常に長く複雑な数列を短く簡潔に表現するために用いられる |
| 次元削減 | じげんさくげん | 多次元の情報の意味を保ったまま，より少ない次元に落とし込むこと |
| 主成分分析 | しゅせいぶんぶんせき | 多変数を少数項目に置き換え，データを解釈しやすくする手法 |
| 真陰性（True Negative） | しんいんせい | 真の値がNoのデータを正しくNoと判別した。検査の場合は，非罹患者を正しく陰性と判別した数 |
| 深層学習 | しんそうがくしゅう | ディープラーニングともいう。ニューラルネットワークを多層に結合して学習能力を高めた機械学習の一手法 |
| 真陽性（True Positive） | しんようせい | 真の値がYesのデータを正しくYesと判別した数。検査の場合は，罹患者を正しく陽性と判別した数 |
| ステップ数 | すてっぷすう | 処理を行っているソースコードの行数のこと。コンピュータープログラムの規模を測る指標の一つで，見積もりや進捗管理などに用いられる |
| ストライド | すとらいど | フィルターをずらしていく際の移動距離 |

| 用語 | よみかた | 説明 |
|---|---|---|
| 線形代数 | せんけいだいすう | 代数学の一分野であり，ベクトル，行列を含む。ビッグデータを解析するために，縦横の表形式を分類・整理，低次元に圧縮し，法則性・パターンを導き出す |
| 損失関数 | そんしつかんすう | 誤差関数ともいう。正解値とモデルにより出力された予測値とのずれの大きさ（損失，誤差）を計算するための関数。この損失（誤差）の値を最小化することで，機械学習モデルを最適化する |
| TF-IDF | てぃーえふあいでぃーえふ | 文書における単語の重要度を測る。TF（Term Frequency）は文書内での単語の出現頻度を，IDF（Inverse Document Frequency）は，文書集合におけるある単語が含まれる文書の割合の逆数，つまり単語のレア度を示す |
| ディープラーニング | でぃーぷらーにんぐ | 「深層学習」を参照 |
| 定常性 | ていじょうせい | 時系列データの統計的な特性（平均，分散など）が時間によらず一定であるという性質 |
| ナップサック問題 | なっぷさっくもんだい | ナップサックの中にいくつかの品物を詰め込み，品物の総価値を最大にする種類の問題。ただし，入れた品物のサイズの総和がナップサックの容量を超えてはいけないという条件がある |
| ニューラルネットワーク | にゅーらるねっとわーく | 脳の神経回路の一部を模した数理モデル，または，パーセプトロンを複数組み合わせたものの総称 |
| パーセプトロン | ぱーせぷとろん | 複数の入力値と重みの内積（掛け合わせ）およびバイアスの和を計算し，0か1を出力する学習モデルのこと |
| バイアス | ばいあす | 値を偏らせるために全体に同じ値を付加する際に用いる |
| ハミング符号 | はみんぐふごう | 通信中に発生したデータの誤りを訂正できる手法 |
| パリティビット | ぱりてぃびっと | 通信中にデータの誤りが発生していないかをチェックする手法 |
| 微分積分 | びぶんせきぶん | 解析学の基本的な部分を形成する数学の分野の一つ。局所的な変化を捉える微分と局所的な量の大域的な集積を扱う積分から成る。データ分析の精度を高めるために，関数を用いて，誤差を限りなく小さく抑える |
| フィルター | ふぃるたー | 画像データから特徴量を抽出・計算するためのマトリクス |
| プログラミング的思考 | ぷろぐらみんぐてきしこう | 何らかの目的を達成する方法を，論理的に筋道を立てて考えていく問題解決型の思考 |
| プログラム | ぷろぐらむ | コンピューターに行わせる処理を順序立てて記述したもの |
| 分類 | ぶんるい | 教師あり学習の一つ。あるデータがどのクラス（グループ）に属するかを予測 |

| 用語 | よみかた | 説明 |
|---|---|---|
| **平均二乗誤差** | へいきんにじょうごさ | MSE（Mean Squared Error）ともいう。各データの予測値と正解値の差（誤差）の二乗の総和を, データ数で割った値（平均値）であり, 予測値のずれがどの程度あるかを示すもの |
| **ユークリッド距離** | ゆーくりっどきょり | （定規で測るような）2点間の直線距離のこと |
| **ReLU** | れる | Rectified Linear Unit：正規化線形関数, ランプ関数ともいう。入力値が0以下の場合は常に0を, 入力値が0より大きい場合は入力値と同じ値を出力。ランプ（ramp）とは, 高速道路に入るための上り坂（傾斜路）のこと |

## データサイエンス数学ストラテジスト
## ［中級］公式テキスト

2024年6月17日　第1版第1刷発行

| | | |
|---|---|---|
| 著者・編者 | 公益財団法人　日本数学検定協会 | |
| 執 筆 協 力 | 増井 敏克 | |
| 発 行 者 | 浅野 祐一 | |
| 発 行 | 株式会社日経BP | |
| 発 売 | 株式会社日経BPマーケティング | |
| | 〒105-8308　東京都港区虎ノ門4-3-12 | |
| 装 丁 | bookwall | |
| 制 作 | マップス | |
| 印刷・製本 | 図書印刷 | |

Printed in Japan
ISBN978-4-296-20493-9